普通高等教育物理类专业"十四五"系列教材

U0743039

材料物理专门实验

主编 郭永利

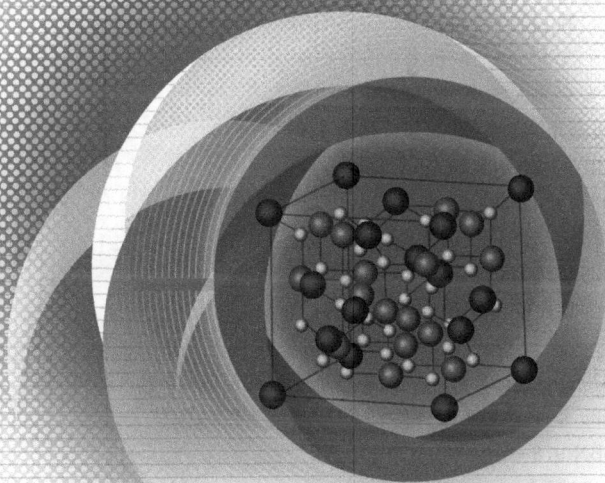

西安交通大学出版社
XI'AN JIAOTONG UNIVERSITY PRESS

图书在版编目(CIP)数据

材料物理专门实验 / 郭永利主编. --西安;西安
交通大学出版社,2025.4. — ISBN 978-7-5693-3105-9

Ⅰ.TB303-33

中国国家版本馆 CIP 数据核字第 2024NA1338 号

书　　名	材料物理专门实验
	CAILIAO WULI ZHUANMEN SHIYAN
主　　编	郭永利
责任编辑	邓　瑞
责任校对	王　娜
装帧设计	伍　胜
出版发行	西安交通大学出版社
	（西安市兴庆南路 1 号　邮政编码 710048）
网　　址	http://www.xjtupress.com
电　　话	(029)82668357　82667874(市场营销中心)
	(029)82668315(总编办)
传　　真	(029)82668280
印　　刷	中煤地西安地图制印有限公司
开　　本	787 mm×1092 mm　1/16　印张 8.5　字数 185 千字
版次印次	2025 年 4 月第 1 版　2025 年 4 月第 1 次印刷
书　　号	ISBN 978-7-5693-3105-9
定　　价	26.00 元

如发现印装质量问题,请与本社市场营销中心联系。
订购热线:(029)82665248　(029)82667874
投稿热线:(029)82664954
读者信箱:457634950@qq.com

前　言

材料物理是以理科为基础、以工科为背景、建立在凝聚态物理基础上的一门理工结合的交叉学科。其研究领域涉及物理、化学、材料科学等多门学科，应用大量的现代物理研究方法和技术，探索材料中的物理问题，着重研究材料的微观组织结构及其转变规律，以及材料的物理、化学性能与其成分、微观结构之间的关系，并运用这些规律改进材料性能、研制新型材料、发展材料科学的基础理论。该专业的学生不仅要掌握物理和材料学科的基本理论与方法，而且还要有高超的实验技能。因此，必须使学生掌握材料制备技术、结构和性能研究的基本方法，并获得良好的技术训练。

材料物理专门实验是一门独立设置的实验课程，它是学生在基础课学习结束以后，对学生实验技能、创新能力、科研能力及解决实际问题等方面能力的培养和训练。为了使实验教学和理论课程紧密联系，同时又有相对的独立性和针对性，本书在常规基础实验上，开设了功能材料的物理性能测试、材料分析实验以及综合性、研究性实验，以培养学生独立的实践应用和科研创新能力。在课程内容上，本书加入了现代科研前沿的热点问题，以使教学和科研相辅相成。通过本课程的学习，学生可熟悉多种材料的制备方法及先进技术，掌握晶体结构的基本类型、晶体缺陷的形成，以及微观结构表征方面的基本知识和技能，掌握分析试样的制备方法及其微观组织和形貌的观察、分析方法，以及材料的力、热、电、磁等方面性能的测试方法，理解材料的使用性能与其成分、微观结构和制备工艺之间的关系。

本书由郭永利担任主编，赵铭姝、李蓬勃、张沛担任副主编，张晖、常凯歌、卢学刚、杨志懋、王学亮、杨生春、孙占波、王晓莉参与编写工作，全书由郭永利统稿。感谢高博对本教材的大力支持！

在本书编写过程中，编者参阅了兄弟院校的有关教材，借鉴了很多宝贵的实践教学经验，在此对关心支持本书编写的所有同仁表示衷心的感谢！由于编者水平有限，书中难免有不妥之处，恳请不吝指正。

编　者

2024 年 10 月

目 录

第一部分　材料物理基础实验

实验一　晶体结构与晶体缺陷

晶体结构即晶体的微观结构，是指晶体中实际质点(原子、离子或分子)的具体排列情况。自然界存在的固态物质可分为晶体和非晶体两大类，固态的金属与合金大都是晶体。晶体与非晶体的最本质差别在于组成晶体的原子、离子、分子等质点是规则排列的(长程有序)，而非晶体中这些质点除与其最相近外，基本上无规则地堆积在一起(短程有序)。金属及合金在大多数情况下都是结晶状态，晶体结构是决定固态金属的物理、化学和力学性能的基本因素之一。

一、实验目的

1)熟悉面心立方、体心立方和密排六方三种典型晶体结构中，原子或节点的几何位置、原子排布规律和原子排列密度。

2)熟悉三种典型晶体结构中四面体和八面体间隙的位置、分布和间隙半径。

3)熟悉三种典型晶体结构中原子半径的求法与依据。

4)熟悉面心立方、体心立方和密排六方中密排面的堆垛顺序。

5)熟悉晶面和晶向指数的标定方法和不同晶面、不同晶向上原子排布规律。

6)以简单立方晶体结构为例，熟悉刃型位错、螺旋型位错和混合型位错线附近原子的排布规律。

7)了解位错的滑移、增殖，位错间的交割、塞积等过程及相互作用后的变化。

8)了解不全位错和位错反应的基本含义。

二、实验原理

晶体是各向异性的均匀物体，生长良好的晶体，其外观上往往呈现某种对称性。从微观来看，组成晶体的原子或原子团在空间呈周期重复排列，如图 1-1 所示，即以晶体中的原子或原子团为基点，在空间中三个不共面的方向上，各按一定的点阵周期，不断重复出现。例如，从重复出现的每个基元中各取某一相当点，则这些点合在一起形成一个空间点阵的一部分，确切地说，点阵是一组按连接其中任何两点的矢量进行平移后而能完全复原的点的重复排列。

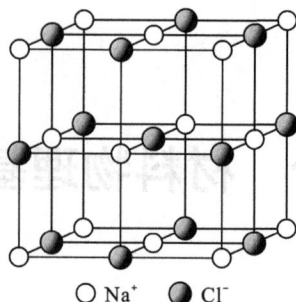

○ Na⁺ ● Cl⁻

图 1-1 NaCl 晶体结构

空间点阵是认识晶体结构基本特征的关键,用它可以方便而又清楚地说明晶体的微观结构在宏观中所表现出的面角守恒、有理指数等定律以及 X 射线衍射的几何关系。各点分布在同一直线上的点阵称为直线点阵,分布在同一平面中的称为平面点阵,而分布在三维空间中的称为空间点阵。空间点阵可以分解为各组平行的直线点阵或平面点阵,并可划分成并置的平行六面体单位,也称为晶胞,规定这个单位的矢量为 a、b 和 c。晶胞是能够完整反映晶体结构特征的最小重复单元。通过选取合适的平行六面体作为晶胞,可以用它在空间中的平移、重复来构建整个空间点阵。不同的晶体结构具有不同形状和大小的晶胞,例如,立方晶系的晶胞可以是正方体,而六方晶系的晶胞则是六方柱体等。

晶体的外形以及其他宏观表现都反映了晶体结构的对称性,晶体的理想外形及其结构都是对称图像,该类图像都可经过不改变其中任何两点间距离的操作而复原。这样的操作称为对称操作,例如,平移、旋转、反映和倒反都是对称操作,是能使一个图像复原的全部不等同操作,可形成一个对称操作群。在晶体结构中,空间点阵所代表的是与平移有关的对称性,此外,还可以含有与旋转、反映和倒反相关的对称性,这些对称性能在宏观上反映出来,称为宏观对称性,它在晶体结构中必须与空间点阵共存,并互相制约。制约的结果有以下两种:①晶体结构中只能存在 1、2、3、4 和 6 次对称轴,②空间点阵只能有 14 种形式。n 次对称轴的基本旋转操作为旋转 $360°/n$,因此,晶体能在外形和宏观中反映出来的轴对称性也只限于这些轴次。

三、实验材料与设备

1)刚性塑料球,不同长度钢丝,晶体结构和晶体缺陷模型。
2)微型计算机。

四、实验内容

借助晶体学中晶体结构的刚球模型,以刚性小球作为节点或原子的模型,以弹性钢丝作为“键”,搭建成不同的晶体结构模型。

利用《材料科学基础》计算机软件,对不同晶体结构和缺陷进行移动、旋转、换位等操作,从不同角度观察晶体结构和缺陷。

1)将刚球作为原子,选择不同长度的钢丝,搭建成体心立方、面心立方和密排六方晶体结构的晶胞,并找出四面体和八面体的间隙位置。

2)将面心立方和体心立方晶胞拆(或重新搭建)成(100)、(110)和(111)晶面。将密排六方晶胞拆(或重新搭建)成(0001)和($11\bar{2}0$)晶面。在每个晶面上,定出两个晶向的晶向指数。

3)在软件中,熟悉面心立方、体心立方和密排六方中密排面的堆垛顺序。以简单立方晶体结构为例,熟悉刃型位错、螺旋型位错和混合型位错线附近原子的排布规律。了解位错的滑移、增殖、位错间的交割、塞积等过程,以及相互作用后的变化。了解不全位错和位错反应的基本含义。

五、实验报告要求

1)写出实验目的和内容。

2)画出面心立方、体心立方和密排六方晶胞的立体图形。标出晶胞中所有八面体和四面体的间隙位置。

3)画出面心立方、体心立方结构的(100)、(110)和(111)晶面,密排六方结构的(0001)和($11\bar{2}0$)晶面,并在晶面上标出相应的晶体结构参数。在各晶面上,至少定出两个晶向的晶向指数。

4)画出简单立方结构刃型位错和螺旋型位错附近的原子排布立体图形。在立体图上画出求刃型和螺旋型位错伯氏矢量的路径并标出伯氏矢量。

5)画出面心立方、体心立方和密排六方结构堆垛顺序在密排面上的投影图。

实验二 凝固与结晶

一、实验目的

1)了解利用电弧进行合金熔炼与合成设备的基本构成、熔炼原理与一般操作方法。

2)通过盐类的结晶观察,基本了解晶体结晶的一般过程。

3)了解晶体生长形态及不同结晶条件对结晶完成后组织的影响。

4)进一步理解冷却速度与过冷度间的关系。

5)锻炼实验观察以及用文字描述实验现象的能力。

二、实验原理

结晶就是溶质从溶液中析出的过程,可分为晶核生成(成核)和晶体生长两个阶段,这两个阶段的推动力都是溶液的过饱和度(结晶溶液中溶质的浓度超过其饱和溶解度的值)。晶核的生成有三种形式:即初级均相成核、初级非均相成核及二次成核。在高过饱和度条件下,溶液自发地生成晶核的过程,称为初级均相成核;溶液在外来物(如大气中的微尘)的诱导下生成晶核的过程,称为初级非均相成核;而在含有溶质晶体的溶液中的成核过程,称为二次成核。二次成核也属于非均相成核过程,它是在晶体之间或晶体与其他固体(器壁、搅拌器等)碰撞时所产生的微小晶粒的诱导下发生的。

结晶方法一般为两种,一种是蒸发结晶,一种是降温结晶。蒸发溶剂,使溶液由不饱和变为饱和,继续蒸发,过剩的溶质就会析出,叫作蒸发结晶。降温结晶的原理是温度降低,物质的溶解度减小,溶液达到饱和,溶质就会析出。蒸发结晶是在恒温条件或蒸发前后温度不变的情况下,饱和溶解度不变,溶剂减少,溶液达到饱和后多余的溶质就会析出。

而大多数金属材料都是通过冶炼-结晶完成其成型过程的。最简单的合金制备方法是采用精确称重配制好设定成分的初级合金的纯组元,再将其加热熔化并在液态使之成分均匀;之后将合金熔体倒入铸模,采用一定的特殊冷却技术或自由冷却固化下来并冷却到室温。除特殊情况(快速凝固、深过冷凝固等)外,上述工艺得到的合金近似平衡组织,即组成合金的各个相都是晶体。合金从液态到固态的转变过程称为凝固。如果得到的固态合金为晶体,则这个凝固过程也称为结晶。

本实验所涉及的设备是实验室常用的电弧熔炼合金合成设备。该设备在真空室内设置一个具有 9 个半球形的铜质水冷坩锅。在坩锅的上部有一个随意调整位置的钨合金电极。设备配有一个大功率直流电源。使用时,将各组元按设定成分精确称重并分别放入坩锅内(总重量在 10 g 以内),将真空室抽真空到所要求的真空度(一般为 3×10^{-3} Pa),再将真空室充入高纯氩气(99.999%)。然后打开加热电源,在氩气环境下接通电极与试样之间的电源,使之形成电弧,用电弧将试样加热到理想的温度(一般需要高于液相线 200 ℃ 以上)并保温一定的时间,使各组元在液态下充分扩散,以尽可能达到成分均匀。上述过程完成后,切断电源,使试样自由冷却。

本装置的特点是金属坩埚在循环水的冷却下不会熔化,也不会对合金成分造成影响。加热电源中,钨电极接电源的负极,而试样连接电源的正极,因此加热过程中电极不会熔化。

对于金属材料来说除了电弧加热熔炼外,熔炼方法还有电渣重熔、电炉冶炼等方法。电渣重熔是电炉内部电流通过熔渣产生的电阻热来进行金属的熔化和精炼,而电炉冶炼则是通过电能转化为热能,直接加热原料进行冶炼。电炉冶炼适用于生产普通钢材和合金材料,如热轧圆钢、钢筋等。而电渣重熔则可以制备超合金、高温合金、耐腐蚀合金、单晶等高技术含量、高要求、高品质的金属材料。由于电渣重熔温度和工作环境控制得比较精细,所以制备出来的金属材料精度更高,适用于高端领域,如航空、国防以及先进制造业等。

熔炼过后的结晶过程是影响金属材料的微观组织和性能的至关重要的环节。结晶过程是材料科学工作者必须了解的,但由于金属材料(包括合金熔体)都不透明,而且结晶需要在高温环境下进行,直接观察非常困难。因此,本实验通过借助显微镜观察盐类的结晶过程,从而了解其他材料的结晶过程。本实验在水中加入质量分数为 25% ~ 30% 的 NH_4Cl,将其加热到不高于 90 ℃(避免沸腾造成危险)并充分搅拌使 NH_4Cl 充分溶于水中形成饱和熔液,之后将饱和 NH_4Cl 水溶液倒入其他器皿中。随着温度下降,NH_4Cl 水溶液的溶解度下降,NH_4Cl 晶体将不断从水中结晶析出,直到水完全蒸发为止,结晶过程结束。由于冷却速度和非均相晶核的不同,结晶过程会有一定差异,也会形成不同的最终组织。

三、实验材料与设备

1)多功能微晶非晶合成设备。

2)NH_4Cl、自来水。

3)培养皿、烧杯、试管、冰块。

4)电炉、温度计。

5)生物显微镜。

四、实验内容

1)了解电弧熔炼、高频感应熔炼的基本原理和基本方法。

2)观察过饱和 NH_4Cl 水溶液中 NH_4Cl 在下列条件下的结晶过程及晶体生长形态。

(1)在培养皿中空冷结晶。

(2)在生物显微镜下空冷结晶。

(3)在小烧杯中空冷结晶。

(4)在试管中空冷结晶。

(5)在培养皿中撒入少许 NH_4Cl 粉末并空冷结晶。

（6）将培养皿置于冰块上结晶。

（7）将冰块投于小烧杯中结晶。

五、实验报告要求

1）写出实验目的和意义。

2）详细描述 NH_4Cl 的过饱和水溶液在培养皿中空冷、在生物显微镜下空冷、在小烧杯中空冷、在试管中空冷、在培养皿中撒入少许 NH_4Cl 粉末并空冷、将培养皿置于冰块上空冷、将冰块投于小烧杯中各个条件下的结晶过程。画出结晶开始、晶体长大和结晶完成后的三个组织示意图（要求表达出在同等条件下晶核大小、组织粗细等信息）。

3）比较不同条件下 NH_4Cl 过饱和水溶液结晶的特点或差异，分析产生这些差异的原因和物理机制。

4）根据所观察到的现象，讨论过冷度和成分过冷对晶体生长形态和最终组织的影响。

实验三　材料显微组织分析

一、实验目的

1) 了解材料金相分析的基本原理和用途。

2) 了解并掌握金相试样的取样、镶嵌与夹持、平整与磨光、抛光、腐蚀过程。

3) 了解金相显微镜的构造、原理和用途,掌握金相显微镜的基本使用方法。

4) 制备金相试样。

二、实验原理

材料的性能由材料的化学成分、微观结构、微观组织共同决定。材料中,相(phases)的形貌、尺寸、分布和相与相之间的相互关系称为组织。但由于这些信息肉眼无法分辨,必须借助显微镜等设备进行观察,故而组织又称为"微观组织"。微观组织是影响材料性能的重要因素之一,因此微观组织分析是材料工作者必须掌握的基本技能和必备素质。

现代科学技术为材料的微观分析提供了越来越先进的手段,使得微观分析向小尺寸(纳米数量级)甚至单原子数量级迈进,也让我们可以更细致、更清晰地了解材料内部的原子分布、原子组态甚至电子行为的细节。目前,常用的微观分析手段有:光学金相显微镜,X射线,不同性能、不同用途的透射电子显微镜,扫描电子显微镜,原子力显微镜,波谱,能谱,电子探针,原子探针,核磁共振以及穆斯堡尔谱等。掌握这些分析设备的性能、用途,以及如何应用这些先进设备更好地进行科学研究是我们的一项重要学习任务。

材料成型后,肉眼观察材料表面的状态或质量就是一种最简单的组织分析方式。借助光学显微镜观察试样表面微观组织结构的技术称为金相分析技术或金相学(metallography)。金相分析必备的设备为金相显微镜,其放大倍数一般在50~1500,而金相分析中常用100~1000倍。金相分析是材料科学中最重要的研究手段之一,它可以较大范围地观察试样表面的晶粒尺寸,第二相的大小、形状、分布、颜色等重要信息。虽然目前电子显微镜的使用越来越普遍,人们得到的信息越来越多,但金相显微镜或金相分析依然是初步考察材料品质的一个不可缺少的技术手段。本实验旨在使同学们了解金相分析的基本方法及其操作。

下面着重介绍材料的金相分析法。

1. 金相分析的目标和信息来源

图3-1为一个简单的合金材料纵向剖面图。已知此合金材料由A、B、C三种元素组成,需要知道这三种元素构成的材料的内部情况。但由于材料在制备和合成过程中形成的表面状态(含有杂质、炉渣、粗糙不平等)不适合分析或不能代表其主要或全部微观组织特

点,因此往往从材料中取一个小块作为分析对象,这就是试样。之后,需要将试样通过加工得到适合金相分析的样品,这个过程称为制样。得到合格的试样后,在显微镜下观察试样的表面微观形貌。例如,在Cu-Co合金中会得到如图3-2所示的图像,即得到了我们需要的微观组织。因此,金相分析事实上是分析试样表面的微观特征。

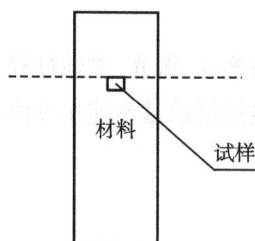

图3-1 分析取样示意图

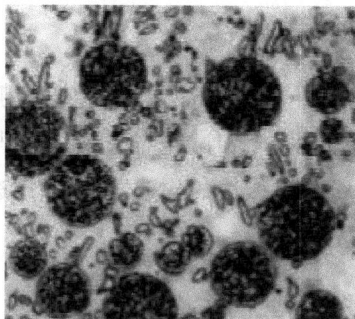

图3-2 金相分析结果示意图

2. 取样

理想的试样尺寸:最适合制备金相分析的试样尺寸为 ϕ15 mm×20 mm 左右的圆柱体或 15 mm×15 mm×20 mm 左右的长方体。尺寸过小或过大都会给制样带来一定困难,如果材料的尺寸与上述理想尺寸差别不大,不必追求尺寸上的理想化。事实上,试样越小,观察面积越小,反应的信息越少,距实际情况差别越远,结果出现片面性的可能性越大,因此,在理想尺寸范围内取尽可能大尺寸的样品是金相分析所要求的。另外,制样的水平完全依赖于刻苦的训练与经验的积累。

从大尺寸的料块取样一般有专门的规定。如果是长方体料块,一般取对角线的1/4处作为微观分析试样;如果是圆柱体,则取直径的1/4处。如果有专门要求,则按要求取样。取样原则是所取样品能够反应整体料块的微观组织特性。

一些特殊的工作环境下,如需要分析发电机的转子、轮船的船板等金相组织时,不可能从已加工完成的工件上取得金相样品,否则将造成整个工件的报废。此时需要在工件表面制备一块适合金相分析的表面。这个技术称为大型工件金相分析技术,也因此设计了一套如抛光机、显微镜等专用仪器设备。

3. 试样的镶嵌或夹持

如果试样的尺寸过小或形状不规则造成制样困难,则需要采用一定的办法将试样镶嵌在其他介质之中以便于制样。特别是如果需要观察试样的侧(表)面(如表面处理的试样),若不将试样镶嵌或夹持,在试样制备过程中会使试样边缘变圆,不能很好地对试样进行观察。

试样的夹持方法很简单,准备两片钢、铝或铜,宽度与试样的高度相当,厚度3~5 mm为宜,将材料的两端打两个直径为 ϕ5~8 mm 的通孔。将试样加载于两片材料之间,用螺栓夹紧固定。首选的材料为弹簧钢,由于其有较好的弹性,可避免螺栓在制样过程中松弛。注意,夹持用的钢板与试样属不同的材料,具有不同的耐蚀性,两种材料间会形成腐蚀电池,影响试样的正常腐蚀,造成腐蚀的不均匀。

试样的镶嵌一般是将试样放入如环氧树脂、聚乙烯塑料粉等有机非导体材料之中,利用有机物的自然凝固或将其放入专用的试样镶嵌机中加热(一般不超过300℃,避免试样发生相变),利用加热过程中的烧结作用,将试样镶嵌在介质中。这种方法的优点是不会对试样的腐蚀造成明显的影响,缺点是有机物一般较试样硬度(以金属材料为例)低得多,试样容易出现圆角。除此之外,有的材料科学工作者还将高熔点的试样放入低熔点的金属粉末之中,压实后放入炉中烧结,可以得到非常理想的镶嵌试样。但这种方法有时会造成粉末与试样间的固相反应或扩散,在实验中应予以避免。

4. 试样的粗磨

切好或夹持(镶嵌)完毕的试样一般表面粗糙或至少带有表面加工变形层,在做金相分析前,必须将其清除,这个清除过程称为试样的粗磨。

用于粗磨的工具为砂轮,砂轮一般采用工业用 SiC 砂轮。将所要观察的试样表面在砂轮的侧面或顶面打磨至平整或除去废物,露出真实表面。在操作过程中,应使用普通自来水不断冷却试样,避免试样过热引起相变或烫伤手指。

一般特别软而韧性好的材料,如纯铜、纯铝、铅、锡等有色金属不能用砂轮磨光。其原因是这些材料在打磨过程中会塞入砂轮上沙粒的间隙使砂轮失效,同时由于其摩擦力太大容易发生危险。

严格注意:砂轮的转速一般都在 1840 r/min 以上,应注意安全。使用砂轮时,绝对禁止戴手套!

5. 试样的精磨

经过粗磨的试样还必须进行精磨以达到抛光前的光洁度和表面的平整度。精磨工序一般在砂纸上手工研磨完成。

1)砂纸:常用的砂纸一般分为两种,一种是水砂纸,另一种是金相砂纸。水砂纸是在流水条件下使用的,其在磨光过程中产生的热量和磨屑及时被流水带走,样品的磨削容易被控制,变形层也较小,但合格试样的光洁度较差。金相砂纸是在无水的干燥条件下使用的(避免沾水,否则沙粒会脱落),其特点是光洁度较好。但金相砂纸磨光试样容易发热,砂纸用过的部分最好不要重复使用,避免脱落的沙粒造成粗大划痕。砂纸按照沙粒的粗细编号,水砂纸一般编号为240~1500,数字越大,砂纸越细。而金相砂纸按 W+数字编号,一般为 W40~W1,数字越小砂纸越细。也有的金相砂纸生产厂按水砂纸的编号规则进行编号。

2)磨光:手工磨光是将试样放在金相或水砂纸上进行的。砂纸背面一般垫有平板玻璃或平板金属以使砂纸充分展平并保持试样表面的平整。磨光的方法是:一手按紧砂纸,一手持有试样,使砂纸和试样相互良好充分接触,手持试样用力向前推行,之后不断重复。

磨光时一般注意的问题：

(1)一般不能将试样进行往复运动，除非是非常熟练的操作者，否则很难制备出高质量的试样。

(2)评价一道磨光工序完成质量是否合格，以全部划痕完全平行、粗细一致为标准。

(3)砂纸的使用次序必须是从粗到细。

(4)磨光过程中，经过一定的时间，应该将磨削方向转 90°后，继续磨光。本次磨光的另一个考察标准是调转 90°后，轻磨几下，划痕已完全变成均匀一致的粗划痕。

(5)使用下一道砂纸时一般采用的磨光方向与上一道垂直。

(6)使用水砂纸时，注意时刻保持在流水下操作。在转到下一个工序前，必须用水将试样冲洗干净，以免将粗砂粒带入下一道工序。

6. 试样的抛光

试样的抛光有机械抛光、电解抛光和化学抛光三种类型。

1)机械抛光：机械抛光必须具备三要素：抛光布(或抛光织物)、抛光剂和抛光机。

(1)抛光布：又称抛光织物，它的主要作用是聚拢抛光剂从而产生磨削，阻止磨料因抛光机的离心力作用使抛光剂飞离，储藏部分水或润滑剂，进而使抛光顺利进行，抛光布与试样摩擦起直接抛光的作用。抛光布的类型有很多，其中有用于粗抛光的帆布，中度抛光的(纯羊毛)海军呢，细抛光用的天鹅绒、丝绒等。一般较软的试样可直接使用细抛光布，硬试样使用帆布等。

(2)抛光剂：又称抛光磨料，它主要起磨削作用，有的高级抛光剂又兼润滑作用。常用的抛光剂有 Cr_2O_3、Al_2O_3、MgO、金刚石研磨膏、金刚石雾化剂等。

(3)抛光机：由电动机带动平板旋转。将抛光布固定在抛光机旋转板上，在其上放入适量的抛光剂，通过其与试样的摩擦作用使试样抛光。

抛光操作：将抛光布和抛光剂放置好之后，打开电机，使抛光盘旋转，将试样的整个抛光面与抛光盘完全接触，稍加用力进行抛光。在操作过程中，要经常添加少许水防止试样发热和增加润滑。抛光剂也并非加得越多越好，适量的抛光剂才可达到事半功倍的效果。这些因素需要实验人员根据试样材质的不同灵活掌握。

2)电解抛光：将磨光完毕的试样放在含有特定成分(根据试样的性质而不同)的电解液中，外加一个直流电源对试样进行抛光的过程称为电解抛光。其原理是试样在电解槽中作阳极，以另一个稳定的材料作阴极，给这个系统通以直流电。由于尖端集流作用，试样突出部分溶解较快，凹陷部分较慢从而达到抛光的目的。显然电解抛光只能用于金属材料，同时纯金属或单相合金的效果较好，多相合金由于相间耐蚀性不同，抛光效果较差。常用材料的抛光剂及抛光条件在有关资料中可以查到。新材料必须经过多次试验以确定最佳的抛光剂成分与抛光条件。

3)化学抛光：化学抛光是将金相试样浸入化学试剂中，依靠化学试剂因对表面高低不同的试样产生的不同速度的腐蚀作用而对其进行抛光。常用材料的化学抛光的腐蚀剂(或抛光剂)可以在相关资料中查到。没有万能的抛光剂,依据材料的成分不同必须配有专门的腐蚀剂,通常,腐蚀剂的消耗量也较大。化学抛光兼有对金相试样的(组织)腐蚀作用,抛光后可直接在显微镜下观察。

7. 试样的腐蚀

除了金属夹杂物、裂纹、镀层、铸铁中的石墨和硬度差别很大的多相材料,以及某些相的凸起可以在显微镜下直接观察外,大多材料抛光过后在显微镜下观察不到细节。因此大多数材料抛光后都需要进行金相腐蚀。依照腐蚀的方法,金相腐蚀可分为以下几种:

1)化学腐蚀:材料中的晶界、相界以及其他缺陷处由于能量较高而耐蚀性较差。利用这一特点,在抛光好的试样表面利用化学腐蚀可以显示其许多细节,这个过程称为化学腐蚀。化学腐蚀所使用的腐蚀剂因材料的不同而不同。目前已经被人们使用过的腐蚀剂不下千种。绝大多数常用材料的腐蚀剂配方在相关资料中都可以查到,但对新材料有效的腐蚀剂还需要进一步摸索。腐蚀的方法有:冷浸入法、热浸入法、滴蚀法和擦拭法等。其中擦拭法是用蘸有腐蚀剂的棉球在试样表面轻轻擦拭。其特点是大部分腐蚀产物可以被棉球带走,试样表面比较光亮;同时可以用肉眼观察试样表面的颜色,较好地控制腐蚀深度。浸入法是将试样整体或磨面浸入腐蚀液,经过一段时间后取出的方法。其特点是对腐蚀技术要求不高,但经常出现腐蚀不均匀的现象。如果在室温下腐蚀速率过慢,可以将腐蚀剂加热到沸点以下的某个温度进行热腐蚀。但要注意防止热腐蚀烧伤。

2)电解腐蚀:对于化学性质特别稳定又导电的材料,以及需要特殊腐蚀的材料,可以采用电解腐蚀法。其方法和特点与电解抛光基本相同,不再赘述。

3)腐蚀后处理:无论采用哪种腐蚀方法,试样的表面都难免残留一些腐蚀剂,如不及时处理,会加重试样的腐蚀。正确的处理方法是,试样腐蚀完毕后,立即用流水将试样表面冲洗干净,然后在试样表面滴上酒精,用热风将试样充分吹干。制备完好的试样应尽快观察,如有困难,应将试样放置在干燥而无腐蚀性气体的容器内保存。

8. 观察

金相试样的观察一般在金相显微镜或扫描电子显微镜上进行。金相显微镜是利用从试样表面反射回的反射光成像对试样的表面形貌进行观察的,其放大倍数一般在1500倍以内。扫描电镜是利用试样表面的反射电子成像对试样的表面形貌进行观察的,其放大倍数在几千到几十万倍。现代分析技术中还有原子力显微镜、原子探针等新型设备,但它们观察到的都是表面形貌,这是金相分析最主要的特点。这些观察手段有各自的特性,也有其自身难以克服的弱点,需要在实际工作中细心体会再进行选择。

三、实验材料与设备

1)低碳钢、各种砂纸、抛光布、抛光粉、硝酸、酒精。

2)砂轮机、抛光机、金相显微镜。

四、实验内容

1)熟悉材料显微组织分析所使用的各种材料和设备。

2)严格按照操作步骤和要求,取一个金相试样毛坯,并将其制备成金相试样。

3)在显微镜下观察金相组织,画出该组织示意图。

五、实验报告要求

1)写出实验的目的和意义。

2)描述金相试样的制备过程,画出各阶段试样表面观察得到的形貌。

3)描述金相显微镜的基本构造和使用方法。

4)画出观察到的试样的金相组织示意图。

实验四　典型材料的微观组织观察

显微结构分析是人们通过光学显微镜、扫描电子显微镜、透视电子显微镜、X射线衍射仪等分析仪器来研究金属材料、复合材料、各种新材料等的显微组织大小、形态、分布、数量和性质的一种方法。显微组织是指如晶粒、包含物、夹杂物以及相变产物等的特征组织。利用这种方法来考查如合金元素、成分变化及其与显微组织变化的关系,冷热加工过程对组织产生的变化规律等。应用金相检验还可对产品进行质量控制、产品检验和失效分析等。故材料微观组织检查是材料质量管控的关键环节。

一、实验目的

1）熟悉典型钢铁材料、有色金属材料的金相组织。
2）进一步熟悉捕捉材料的微观分析信息。
3）进一步学会描述材料的微观组织类型。
4）进一步学会综合分析材料微观组织的特征与其化学成分、加工工艺的关系。

二、实验原理

材料研究的目的在于了解其使用性能。材料的性能首先取决于材料的组分,即化学成分。在平衡加工条件下,确定成分的材料具有特定的原子聚集状态,即具有特定的相组成,同时,也具有特定的相的形态、大小和分布。研究表明,采取不同的非平衡加工手段,确定成分的材料的组成相会具有不同的形态、大小和分布,即材料会具有不同的组织,甚至,采取特定的加工手段,确定成分的材料会具有不同的组成相。大量的研究早已证明,成分确定以后,相的组成和材料的微观组织在很大程度上能控制材料的性能。因此,观察材料的微观组织是了解材料性能机制所必须的环节;通过加工工艺控制材料的微观组织从而提高材料的性能是材料工作者的重要任务;而合成新的高性能材料则必须以现有材料的组织分析作为其必须的前提之一。

铁碳合金的显微组织是研究钢铁材料的基础。铁碳合金平衡状态组织是指合金在极其缓慢的冷却条件下(如退火状态)所得到的组织,其相变过程均按照 $Fe - FeC_3$ 相图进行,即可以根据该相图来分析铁碳合金的显微组织。

所有碳钢和白口铸铁在室温下的组织均由铁素体和渗碳体这两个基本相所组成。只是因含碳量不同,铁素体和渗碳体的相对数量、析出条件以及分布情况各有所不同,因而呈现不同组织形态,如表 4-1 所示。

表 4－1　各种铁碳合金在室温下的显微组织

类型		含碳量/%	显微组织	腐蚀剂
工业纯铁		<0.02	铁素体	4%硝酸酒精溶液
碳钢	亚共析钢	0.02~0.77	铁素体＋珠光体	4%硝酸酒精溶液
	共析钢	0.77	珠光体	4%硝酸酒精溶液
	过共析钢	0.77~2.11	珠光体＋二次渗碳体	4%硝酸酒精溶液
白口铸铁	亚共晶白口铸铁	0.11~4.30	珠光体＋二次渗碳体＋莱氏体	4%硝酸酒精溶液
	共晶白口铸铁	4.30	莱氏体	4%硝酸酒精溶液
	过共晶白口铸铁	4.30~6.69	莱氏体＋二次渗碳体	4%硝酸酒精溶液

一般情况下，显微组织对力学性能的影响如下：

强度：显微组织对材料的强度有很大影响。一般来说，室温下细小、均匀的晶粒分布有助于提高材料的强度。

硬度：不同的显微组织具有不同的硬度，一般情况下马氏体的硬度高于贝氏体、珠光体以及铁素体的硬度。室温下晶粒越细小，硬度越高。

塑性韧性：显微组织对韧性的影响也很显著。较粗大的晶粒容易导致材料韧性降低。

强度硬度与塑性韧性之间存在一定的矛盾关系，提高强度或硬度可能会降低塑性或韧性，但在室温下细晶强化的工艺是个例外，细晶强化在提高材料强度或硬度的同时不会降低塑性或韧性。

耐腐蚀性：显微组织中存在的晶界、孔隙和夹杂物等缺陷往往是材料腐蚀的起始点。合适的显微组织能够减少这些缺陷，提高材料的耐腐蚀性能。对于不锈钢，奥氏体以及奥氏体-铁素体不锈钢均需考虑其耐晶间腐蚀性能，而晶界上如果存在严重的贫铬现象，则很容易造成材料晶间腐蚀致使样品失效。

在材料成分一定的情况下，通过控制热处理工艺，可以改变材料的显微组织，从而改变材料的性能。

三、实验材料及设备

1)典型钢铁材料、有色金属材料、陶瓷材料和高分子材料的金相试样。

2)金相显微镜。

四、实验内容

1)观察典型钢铁材料、有色金属材料的金相组织。

2)对照相图，如图 4－1 所示，分析这些材料特征组织的形成原因。

3)任选一个具有典型意义的试样，详细描述试样不同区域组织的特征，并分析其产生的原因（如加工工艺、成分分布和取样方位、角度等）。选出最能代表该试样金相组织特征的区域,并画出微观组织示意图。

4)进一步熟悉金相显微镜的使用方法。

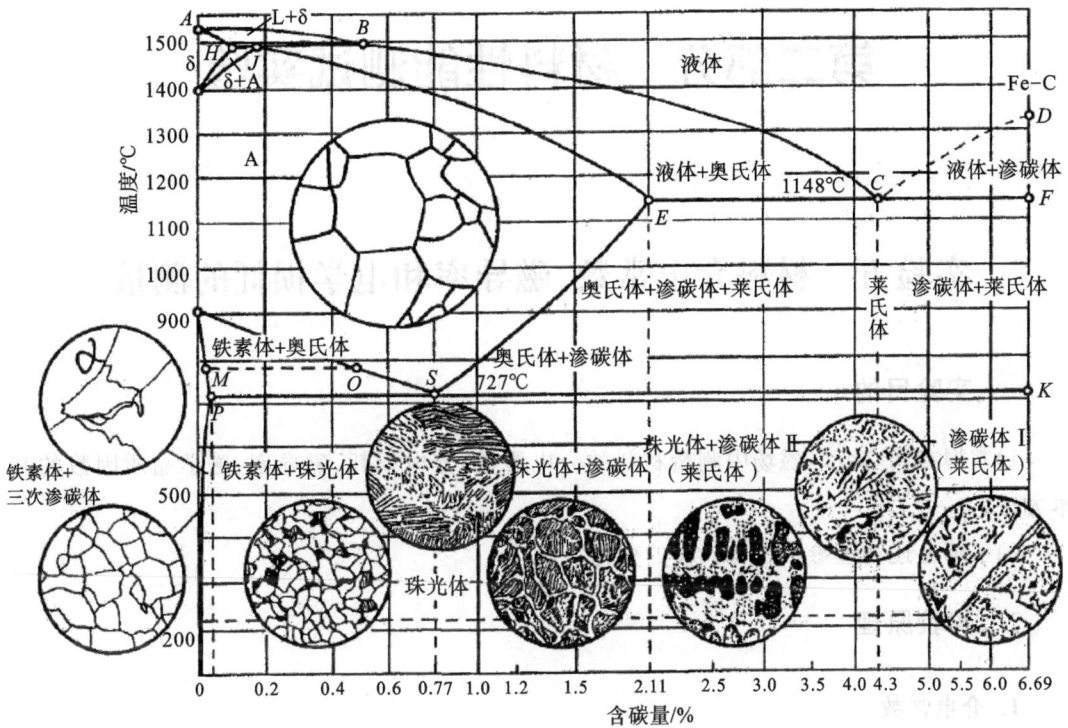

图 4-1 铁碳合金平衡相图

五、实验报告要求

1)写出实验的目的和意义。

2)画出所观察到的金相试样的微观组织示意图,对照相图分析形成的原因。

3)对选定(实验内容中的第三条)的试样,至少画出 3 个不同区域组织的特征,写出这些区别的产生原因(如加工工艺、成分分布和取样方位、角度等)。给出最能代表该试样金相组织特征的区域及组织示意图,并说明理由。

4)说明材料中组织组成物和相组成物的相互关系及加工工艺的影响。

5)说明组织控制的重要意义。

第二部分　材料性能测试实验

实验五　材料介电常数、磁导率和电学损耗的测量

一、实验目的

1）掌握在弱交变电磁场中测量材料的介电常数、介电损耗、磁导率、磁学品质因数的基本方法。

2）了解上述物理参数在低频段的变化规律。

二、实验原理

1. 介电常数

在电介质上外加一电场 $E_0(\mathrm{V/m})$，介质内部就会发生极化，极化强度用 $P(\mathrm{C/m^2})$ 来表示。P 的存在又在介质内部形成了一个附加电场 E'。因而电介质内部的总宏观电场为

$$E = E_0 + E' \qquad (5-1)$$

式中：E 和 P 为与电介质性质相关的两个物理量。

在各向同性的电介质中，它们之间的关系为

$$P = \varepsilon_0 \chi E \qquad (5-2)$$

式中：ε_0 为真空介电常数，量值为 $1/(4\pi \times 9 \times 10^9)$，$\mathrm{F/m}$；无量纲的比例常数 χ 称为电介质极化率。在电磁场中，由高斯通量定理得到的 E 和 P 的另一个常见表达式为

$$D = \varepsilon_0 E + P \qquad (5-3)$$

式中：D 为电位移，在量值上等于所考查面积上的电荷面密度，$\mathrm{C/m^2}$。对于各向同性电介质，将式（5-2）代入公式（5-3），得

$$D = \varepsilon_0 \varepsilon_r E = \varepsilon E \qquad (5-4)$$

式中：ε 称为介电常数，单位与 ε_0 相同；无量纲的比例系数 $\varepsilon_r = 1 + \chi$ 为相对介电常数，通常被称为相对介电常数。

两个平行的金属基板之间充满介电常数为 ε 的电介质就构成了一个平板电容器。如果金属极板的面积 S 远大于两极板之间的距离 d（见图 5-1），两极板的内表面上就可以认为

是均匀带电的,两极板之间为匀强电场:

$$E = \frac{D}{\varepsilon}$$

两极板之间的电位差为

$$U_A - U_B = Ed = \frac{D}{\varepsilon}d = \frac{qd}{\varepsilon S}$$

式中:$q = DS$ 为任一极板内表面上电量的绝对值。根据电容的定义有

$$C = \frac{q}{U_A - U_B}$$

得平板电容器的电容为

$$C = \varepsilon \frac{S}{d} = \varepsilon_0 \varepsilon_r \frac{S}{d}$$

由上式可求得电介质的相对介电常数为

$$\varepsilon_r = \frac{Cd}{\varepsilon_0 S} \tag{5-5}$$

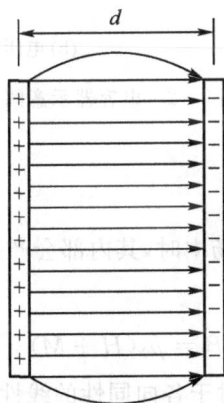

图 5-1 平板电容器示意图

由此可见,为了准确地得到电介质的介电常数,应将电介质做成薄平板状,电极直径 ϕ 与 d 之间应有 $\phi/d \geqslant 20$,并配以恰当的电极面。

2. 介质损耗

由于弛豫极化和漏电导 R 的存在,由电介质和极板构成的电容器常用一个电容和一个电阻的并联电路来等效,如图 5-2 所示。图中 I_i 与 $U(E)$ 垂直,位相与 I_R 相差 $90°$,I_C 与 D 垂直。在正弦交变电场中,流经电介质的全电流 I 与加在电介质两端的电压 U 之间的关系为

$$I = I_R + I_C = \frac{U}{R} + i\omega(C' - iC'')U = \left(\frac{1 + \omega RC''}{R} + i\omega C'\right)U = (G - iB)U$$

$$\tan\delta = \tan(90° - \varphi) = \cot\varphi$$

$$\tan\varphi = \frac{B}{G}$$

其中，G 和 B 分别为电介质的等效电导和等效电纳，φ 为相位差，ω 为交流电圆频率，所以得

$$\tan\delta = \frac{1+\omega RC''}{\omega RC'} = \frac{1}{\omega RC'} + \frac{C''}{C'} = \tan\delta_R + \tan\delta_C \qquad (5-6)$$

其中，通常将 $\tan\delta$ 称为介质损耗，δ 为损耗角。上式表明由于真实漏电导造成的介质损耗会随着电场频率的升高而迅速下降。

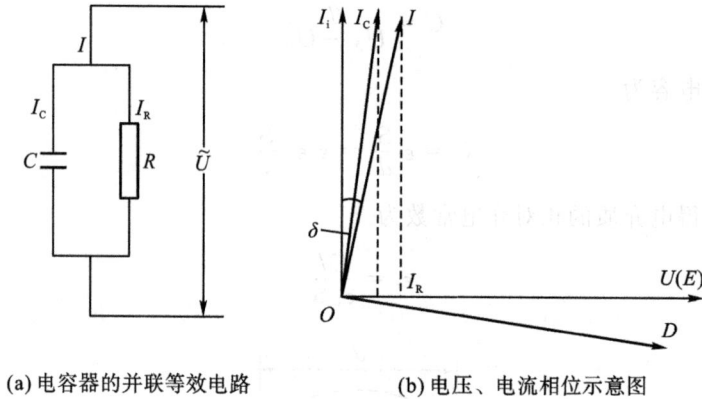

(a) 电容器的并联等效电路　　　　　　(b) 电压、电流相位示意图

图 5-2　电容器示意图

3. 磁导率与品质因数

当材料置于磁场强度为 H 的磁场中时，其内部会产生一定的磁感应强度 B，$B(\mathrm{Wb/m^2})$ 和 $H(\mathrm{A/m})$ 有以下关系：

$$B = \mu_0(H + M) \qquad (5-7)$$

式中：M 为材料的磁化强度，$\mathrm{A/m}$。对于各向同性的线性磁性材料，M 和 H 有如下关系：

$$M = \chi_m H$$

其中，无量纲比例系数 χ_m 为材料的磁化率。进而公式 $(5-7)$ 可以写成

$$B = \mu H = \mu_0 \mu_r H$$

式中：μ 为材料的磁导率，$\mathrm{H/m}$；μ_0 为真空磁导率，数值为 $4\pi\times10^{-7}\,\mathrm{H/m}$；$\mu_r$ 为材料的相对磁导率，简称为磁导率，相对磁导率没有量纲。

$$\mu_r = \frac{\mu}{\mu_0} = 1 + \chi_m$$

测量磁性材料的磁导率时，通常需将待测材料制成圆环形，截面可以是任意形状，截面面积为 $S(\mathrm{m^2})$。圆环的内半径 r_1 和外半径 r_2 之比小于等于 0.7，以保证测量结果的精度。在样品上均匀地绕上线圈 N 匝，就得到一个环形电感器。环形线圈内的磁场为

$$H = \frac{NI}{2\pi r} \qquad (5-8)$$

$$r = \frac{r_2 - r_1}{\ln \frac{r_2}{r_1}}$$

式中:r 为样品的平均调和半径,m;I 为通过线圈的电流值。磁感应强度为

$$B = \frac{\psi}{SN} \qquad (5-9)$$

式中:ψ 为磁通量,是通过一个回路的总磁通量。如果同一磁通 ϕ 通过 N 匝回路,则 $\psi = N\phi$。电磁场中对电感的定义是

$$L = \frac{\psi}{I} \qquad (5-10)$$

结合公式(5-8)、(5-9)和(5-10)得

$$L = \frac{SN^2}{2\pi r} \frac{B}{H} = \frac{1}{2\pi r} \mu_0 \mu_r SN^2 \qquad (5-11)$$

式中:电感 L 可以测量得到;S 为样品的横截面面积。由上式可以计算出材料的相对磁导率 μ_r。

本实验测量的是磁性材料在正弦弱交变电磁场中的磁导率,由于存在磁滞效应、涡流效应、滞后效应、畴壁共振等物理现象,材料在交变磁场中的磁感应强度会落后于外加磁场一个相位,因而其磁导率表现为一个复数。对于正弦交变量,有

$$\dot{H} = H_0 e^{i\omega t}$$

$$\dot{B} = B_0 e^{i(\omega t - \delta)}$$

$$\mu^* = \frac{\dot{B}}{\dot{H}} = \frac{B_0}{H_0} e^{-i\delta} = \mu' - i\mu''$$

磁品质因数 Q 的定义为

$$Q = \frac{\mu'}{\mu''} = \frac{1}{\tan\delta}$$

三、实验设备

1)LCR 数字电桥。

2)圆饼形样品。

四、实验内容

1. 测量步骤

1)接通仪器电源,使仪器预热 10 min 以上。

2)"测试信号电平"设定为 0.3 V,"显示"设定为直读,"锁定""讯响"和"触发"均设为关。

19

3)将待测样品接入测试夹具,读出不同频率下电介质样品的 C_p、C_s 和 D 值,磁性样品的 L_p、L_s 和 Q 值。

4)测试结束后,将试样回归原位,关闭仪器电源。

5)选择适当的计算公式计算出所测样品的介电常数或磁导率。比较在不同频率下采用不同等效电路所得到参数的差异,分析其原因。

2. 注意事项

试样应保持清洁和干燥,不要用手接触被测样品表面。

五、思考题

试分析本实验中哪些方面会引入测量误差,并给出消除误差的方法。

实验六　电介质材料绝缘电阻及高导电率材料微电阻的测量

一、实验目的

1）掌握正确测量电介质绝缘电阻的原理、方法及高阻计的使用方法。

2）了解几种典型绝缘材料体电阻率的数量级。

3）观察体积电阻率与电场强度的关系。

4）了解四探针微电阻测量的特点，掌握微电阻测量方法。

二、实验原理

1. 高阻测量

通过电极在电介质材料上加上一恒定电压 U 时，材料中总会有漏电流 I 通过。将所加恒定电压值与漏电流值之比称为电介质的绝缘电阻 R，其数学表达式为

$$R = \frac{U}{I} \tag{6-1}$$

通常，U 的单位为 V，I 的单位为 μA，R 的单位为 MΩ。

在电介质上施加一恒定电压，流过其中的电流要经过一段时间后才会达到稳态，这段时间的长短完全取决于材料的介电性质。这是因为电介质对恒定电压的响应电流由三部分组成：由介质极化引起的充电电流、由于介质中的深能级缺陷吸附导致的吸收电流和自由电荷产生的漏导电流。其中，充电电流和吸收电流是时间 t 的函数，充电电流随着时间延长按指数函数 $e^{-t/\tau}$ 迅速下降，τ 是介质极化的弛豫时间；漏导电流则不随时间变化。为了排除充电电流和吸收电流的影响，被测试样在加上电压后，需等一段时间，待电流稳定之后再读取电流数据。

从图 6-1 可知，当样品上被施加一恒定电压后，电流 I 由两部分构成，流经样品内部的电流 I_v 和流经样品表面的电流 I_s。所以，直流电阻又分为体积电阻 R_v 和表面电阻 R_s，则

$$R_v = \frac{U}{I_v}, R_s = \frac{U}{I_s} \tag{6-2}$$

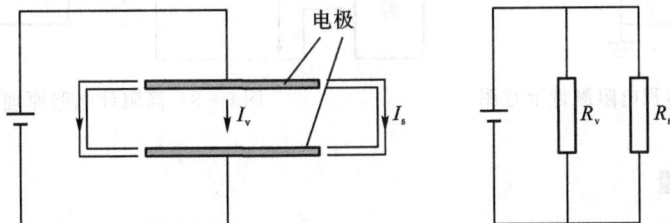

图 6-1　电介质直流电阻与体电阻和表面电阻的关系

在等效电路中，R_v 和 R_s 为串联关系。绝缘电阻 R 与体积电阻和表面电阻的关系为

$$R = \frac{R_v R_s}{R_v + R_s} \qquad (6-3)$$

其中，R 与材料的性质相关，取决于材料的形状和大小。与体积电阻 R_v 和表面电阻 R_s 相对应的分别是体积电阻率 ρ_v 和表面电阻率 ρ_s。R_v 与 ρ_v 的关系为

$$R_v = \rho_v \frac{t}{S} \qquad (6-4)$$

式中：t 为样品的厚度；S 为样品的端电极面积；ρ_v 为材料的物理性质，$\Omega \cdot cm$。通常所说的材料的电阻率实质上就是指其体积电阻率。

表面电阻 R_s 与表面电阻率 ρ_s 的关系为

$$R_s = \rho_s \frac{l}{m} \qquad (6-5)$$

式中：l 为电极间距离；m 为电极的长度。ρ_s 的单位与 R_s 相同，均为 Ω。ρ_s 在很大程度上取决于材料表面的状态，如杂质和水气等，而且在测量表面电流时，很难完全避免把部分体积电流也测量在内。因此，ρ_s 不能反映材料的性质。

采用三电极系统可以将沿试样的体积电流和沿表面的电流分开，从而能够分别测出体积电阻和表面电阻。另外，用三电极系统测量体积电阻时，可以使测量电极边缘的电场比较均匀，使得用等效面积能比较准确地计算出体积电阻。用于平板型试样的三电极系统测量示意图如图 6-2 所示。在测量体积电阻时，电极 1 是测量电极，电极 2 是保护电极，电极 3 是高压电极。只要将电极 2 和电极 3 的角色互换，就可以测量材料的表面电阻。高阻计是测量电介质绝缘电阻的仪器。高阻计种类很多，本实验使用的是国产 ZC36 型高阻计，其电路原理如图 6-3 所示。图中 U 为测试电压，R_x 为被测试样的绝缘电阻，R_0 为高阻计的输入电阻，$R_0 \ll R_x$。测量时被测样品与高阻抗直流放大器的输入电阻 R_0 串联后接入直流高压测试电源。高阻抗直流放大器将其输入电阻上的分压信号放大后输出至指示仪表，由指示仪表直接读出被测绝缘电阻阻值。

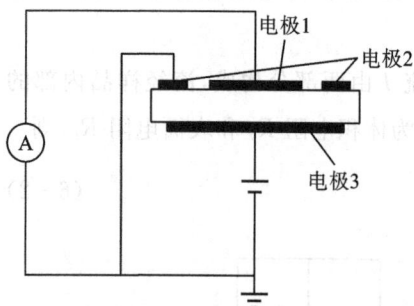

图 6-2　电介质体积电阻测量示意图　　　图 6-3　高阻计电路原理图

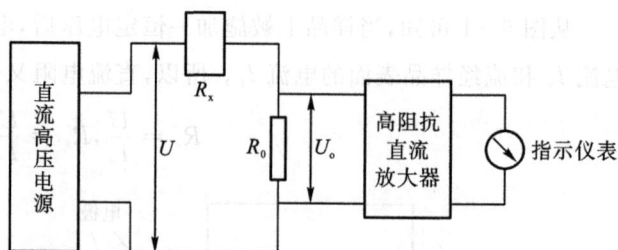

2. 微电阻测量

科研和日常生活的许多场合中都大量使用高导电率材料。借助电阻变化来研究材料的

相变也是材料研究中常用的有效手段之一。高导电率材料的电阻测量中,接触电阻不是可以忽略不计的无穷小量。电桥等测量方法中也必须有与被测电阻值相当的小电阻匹配,一般难以做到。有些试样的尺寸很小或很大(大块样品或大尺寸板状样品)又不允许拆剪成合适尺寸时更是如此。近代物理学中,对于微电阻或小电阻的测量,常使用四点探针(four-pointprobe)来完成。

四点探针的原理见图6-4。前端磨成针状的1、2、3、4号金属细棒中,1、4号和高精度的直流稳流电源相连,2、3号与高精度(精确到0.1 μV)数字电压表相连。四根探针有两种排列方式,一是四根探针等距离地排列成一条直线[见图6-4(a)];二是四根探针呈正方形排列[见图6-4(b)]。对于大块状或板状试样(尺寸远大于探针间距),两种探针排列方式都可以使用;而对于条状或细棒状试样,使用第二种方式更为有利。当稳流源通过1、4号探针提供给试样一个稳定的电流时,在2、3号探针上测得一个电压值 V_{23}。本实验采用第一种探针排布形式,其等效电路图见图6-5。对于图6-5所示的系统,稳流电路中的导线电阻(R_1、R_4)、探针与样品的接触电阻(R_2、R_3)和被测电阻(R)串联在稳流电路中,不会影响测量结果。在测量回路中,R_5、R_6、R_7、R_8和数字电压表内阻 R_0 串联,其总电阻 $R' = R_5 + R_6 + R_7 + R_8 + R_0$,在电路中与被测电阻 R 并联,其总电阻为

$$\frac{1}{R''} = \frac{R + R_0 + R_5 + R_6 + R_7 + R_8}{R(R_0 + R_5 + R_6 + R_7 + R_8)} \tag{6-6}$$

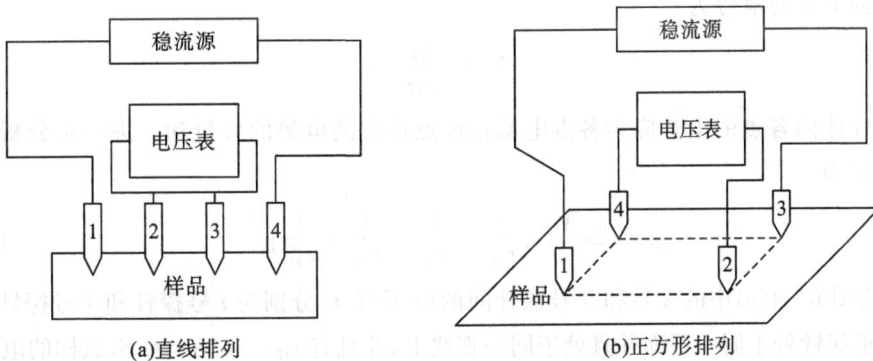

(a)直线排列   (b)正方形排列

图6-4 四探针电阻测量原理示意图

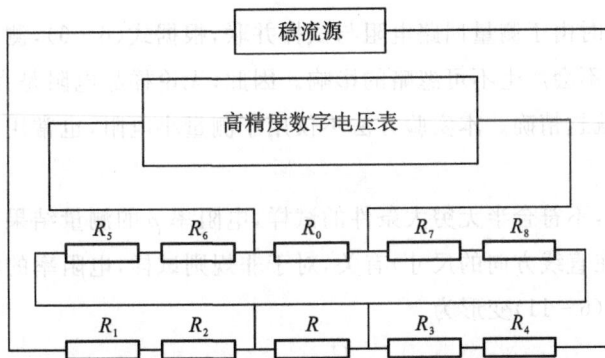

R_1、R_4、R_5、R_8—导线电阻;R_2、R_3、R_6、R_7—接触电阻;R_0—数字电压表内阻;R—被测电阻。

图6-5 四点探针电阻测量等效电路图

23

当被测电阻很小(如小于 1 Ω),而电压表内阻很大时,R_5、R_6、R_7、R_8 和 R_0 对实验结果的影响在有效数字以外,测量结果足够精确。

对于三维尺寸都远大于探针间距的半无穷大试样(见图 6-6),其电阻率为 ρ,探针引入的点电流源的电流强度为 I,则均匀导体内恒定电场的等电位面为一系列球面。以 r 为半径的半球面面积为 $2\pi r^2$,则半球面上的电流密度为

$$j = \frac{I}{2\pi r^2} \tag{6-7}$$

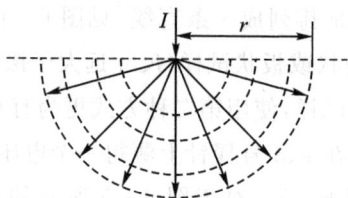

图 6-6　四点探针电阻测量原理图

由电导率与电流密度的关系可得该半球面上的电场强度为

$$E = \frac{j}{\sigma} = \frac{I}{2\pi r^2} = \frac{I\rho}{2\pi r^2} \tag{6-8}$$

则距点电源 r 处的电势为

$$V = \frac{I\rho}{2\pi r} \tag{6-9}$$

显然导体内各点的电势应为各点电源在该点形成的电势的矢量和。进一步分析得到导体的电阻率为

$$\rho = 2\pi \frac{V_{23}}{I} \left(\frac{1}{r_{12}} - \frac{1}{r_{24}} - \frac{1}{r_{13}} + \frac{1}{r_{34}} \right)^{-1} \tag{6-10}$$

式中:V_{23} 为图 6-4(a)中的 2 号和 3 号探针间的电压值;r_{ij} 分别为 i 号探针和 j 号探针间的间距。当四根探针处于同一平面并且处于同一直线上,并且有 $r_{12} = r_{23} = r_{34} = S$,试样的电阻率为

$$\rho = 2\pi S \frac{U}{I} \tag{6-11}$$

当试样尺寸很大时由于测量回路电阻与试样并联,根据式(6-6),测量回路和电流回路中电阻对测量结果也不会产生不可忽略的影响。因此,无论样品电阻是大还是小,只要其尺寸足够大,测量结果就越精确。本实验方法不仅用于测量小电阻,也常用于如半导体等大电阻的测量中。

与探针间距相比,不符合半无穷大条件的试样,电阻率 ρ 的测量结果则与试样的厚度和宽度(垂直于探针所在直线方向的尺寸)有关,对于非规则试样,电阻率的测量结果与其试样的形状有关。因此式(6-11)变形为

$$\rho = 2\pi S \frac{U}{I} f(y,z) f(\zeta) \tag{6-12}$$

式中,$f(y,z)$ 为尺寸修正系数;$f(\zeta)$ 为形状修正系数。

当四探针处于同一平面并且处于同一直线上,并且有 $r_{12}=r_{23}=r_{34}=S$,而对于宽度和厚度都小于探针间距的条形试样,采用下式计算电阻率:

$$\rho = \frac{V}{I} \times \frac{W \times H}{L} \tag{6-13}$$

式中:W 为试样的宽度;H 为试样的厚度;L 为探针间距。

四探针电阻测量的一个特点就是测量系统与试样的连接非常简便,只需将探针头压在试样表面确保探针与试样接触良好即可,无须将导线焊接在试样表面,这在不允许破坏试样表面的电阻试验中优势明显。

三、实验材料与设备

1. 高阻测量

ZC36 型高阻仪,陶瓷与塑料板。

2. 微电阻测量

HH1732C3 恒流源,HP34401 数字万用表,千分尺,卡尺,薄铜板。

四、实验内容

1. 测量体积电阻

1)开启仪器之前,面板上的各开关位置如下:

(1)电源开关置于"断"的位置。

(2)测试电压开关置于"10 V"的位置。

(3)倍率开关置于最低挡位置($1 \times 10^2 / 1 \times 10^{-1}$)。

(4)"放电-测试"开关置于"放电"位置。

(5)输入短路开关置于"短路"位置。

(6)极性开关置于"0"位置。

(7)将仪器接地端用导线妥善接地。

(8)测试盒上的"$R_v - R_s$"开关旋至"R_v"。

2)接通电源开关,指示灯亮,并有蜂鸣音。如发现指示灯不亮,应立即切掉电源,待查明原因再使用。

3)接通电源后需预热 30 min,然后将极性开关置于"＋"位置(一般测试均置于"＋",只有在测试负极性微电流时才置于"－")。如果指示仪表上的指针偏离"∞/0"处,可缓慢调节 ∞/0 电位器,使指针回到"∞/0"处。

4)输入短路开关置于与输入短路相反的位置,将倍率开关由 $1 \times 10^2 / 1 \times 10^{-1}$ 位置旋至"满度"位置,这时指针将从"∞/0"转到"满度"位置。如果指针不到或超过满度,可缓慢调节"满度"电位器,使之达到满度。然后将倍率开关转换到 $1 \times 10^2 / 1 \times 10^{-1}$ 位置,调节 ∞/0 电位器使指针位于"∞/0"处。如此反复多次,以使仪器灵敏度处于最佳状态。

5)测试。

(1)将待测试样的下电极与高压端连接,上电极与测量电缆连接。

(2)将"放电-测试"开关置于"测试"挡位,输入短路开关置于"短路"挡位,使试样经过一段时间的充电(充电时间与待测试样的电容量有关,一般为 15 s。对于大电容的试样可适当延长充电时间),然后将输入短路开关打开,进行读数。如果指针很快打出满度,应迅速将输入短路开关置于"短路"挡位,"放电-测试"开关置于"放电"挡位,待查明原因再进行测试。

(3)当输入短路开关打开后,如果发现仪表没有读数,或读数很小,可逐次调高倍率开关的挡位,使指针位于仪表刻度的 1~10,记录读数。

(4)将输入短路开关置于"短路"挡位,"放电-测试"开关置于"放电"挡位,将电压旋钮分别置于 100 V、250 V、500 V,以此重复上述步骤。

(5)将仪表上的读数(单位为 MΩ)乘以倍率以及测试电压开关所指的系数,就得到被测试样绝缘电阻值。

例如:读数为 3.2×10^6 Ω,倍率开关所指挡位为 10^8,测试电压为 500 V,系数为 1/2,被测电阻为

$$R = 3.2 \times 10^6 \times 10^8 \times 1/2 \ \Omega = 1.6 \times 10^{14} \ \Omega$$

(6)一个试样测试完毕,将"放电-测试"开关置于"放电"挡位,将输入短路开关置于"短路"挡位,将测试电压置于"10 V"挡位,更换或取出试样。当试样的电容值较大时(>0.01 μF),需经 1 min 左右的放电时间,方可取出试样。

(7)测量完毕,应先关闭仪器面板上的电源,并将面板上的各开关恢复到测试前的位置,将测量导线和电极恢复到测量前的状态。

6)注意事项。

(1)试样必须彻底清洁,无污秽,并保持干燥,可用无水乙醇对试样进行擦洗。

(2)必须在干燥的环境下进行测量,相对湿度应保持在 80% 以下。

(3)测试时,人体严禁接触高压输出端及其连接物,防止高压触电。

(4)严禁将高压端碰地,防止高压短路事故。

2. 铜带的电阻率测量

剪宽度约为 3 mm 的薄铜板,用 1000 号金相砂纸将其表面磨光,分三次测量试样的几何尺寸并取平均值。将四探针用力压在铜板上,调节稳流源电流至 2 A,读出数字电压表的读数,重复 3 次,取平均值。用式(6-13)计算材料的电阻率。

五、实验报告要求

1)写出实验的目的、意义、原理。

2)写出实验数据和测量结果。

3)对所测量的实验结果作对比分析。

实验七 材料磁特性的测量

磁性测量是指对磁场和磁性材料进行测量,基本被测量包括磁通量 Φ、磁感应强度 B、磁场强度 H、磁化强度 M、磁导率 μ 等。

人类开始接触磁现象是远古的事。早在公元前 3 世纪,我们的祖先就已发现天然磁石可以吸铁,随后又成功地把磁体的指向性用于罗盘。人类对磁学量进行测量的历史已有 200 多年。1785 年,库仑发现了电荷间和磁极间作用力的库仑定律和磁库仑定律,揭开了磁测量历史的序幕。1819—1820 年,奥斯特发现了电流的磁效应,安培等发现了关于电流之间磁相互作用力的安培作用力定律。1831 年法拉第发现了关于变化磁通感生电动势的电磁感应定律,使人类对宏观磁现象有了全面而本质的认识,并导致 1832 年高斯单位制的开始形成,自此真正的磁测量才得以实现。

最初使用的测量仪器十分简陋,随着这些基本磁规律被肯定,各种精心设计制作的磁测量仪器便相继出现了。最早的磁测量仪器是螺线管和电磁铁,到 1846 年法拉第用他发明的磁秤感知弱磁物质的极弱磁性(顺磁性和抗磁性),1872 年斯托列托夫开始用冲击检流计测量并研究了铁的技术磁化行为。以后 100 余年间,磁测量仪器、磁测量方法及其技术随着磁学、磁性材料、磁性器件以及其他与磁有关的科学技术的发展而不断地发展,并且相互促进。今天,磁测量项目和仪器已十分繁多,测量的灵敏度、准确性已大幅度提高。因此磁测量在科学技术领域里,已成为重要的现代化物理测量技术。

铁磁材料的特性可以通过直流和交流磁化场下的测量来表征。以下是两种测量方法:

1)直流磁化场下的测量。这种测量主要关注材料的初始磁导率、最大磁导率、剩磁、矫顽力、饱和磁感应强度等参数。测试时,使用闭路样品(如圆环)并绕制初级和次级绕组。通过测量励磁电流和磁路长度来确定磁感应强度(B 值),进而绘制磁化曲线和磁滞回线。这些参数对于评估材料的直流磁性能至关重要。

2)交流磁化场下的测量。这种测量关注于材料的交流特性,如损耗曲线、磁导率频率特性曲线等。通过在不同频率和磁感应强度下测量磁滞回线,可以获得诸如磁损耗、振幅磁导率、损耗角等参数。这些参数对于评估材料在交流条件下的性能至关重要。

此外,也可以对铁磁材料的外观进行目测检查,包括检查是否有气泡、脱皮、色调不均匀、有污渍、有水渍等缺陷。对于特定的材料,如钕铁硼颗粒,可能还需要进行粒度分布的测量。

一、实验目的

1)正确掌握软磁材料磁特性的基本测量原理。

2)了解 MATS - 2010 软磁材料自动测试系统的工作原理及使用方法。

3)掌握软磁材料的基本特性及其参数。

二、实验原理

在磁测量中,磁感应强度 B 和磁场强度 H 是两个特征量,其他一些磁学量都与它们有关。B、H 与磁通量 ϕ 和磁通势 F 的关系为

$$\phi = \int_S B \cdot dS \quad 或 \quad B = \frac{d\phi}{dS} \tag{7-1}$$

$$F = \int_l H \cdot dl \quad 或 \quad H = \frac{dF}{dl} \tag{7-2}$$

式中:S 为磁场所通过的面积;l 为磁路长度。可见 B 和 H 都是微分量,经离散化有

$$B \approx \frac{\Delta \phi}{\Delta S} \tag{7-3}$$

$$H \approx \frac{\Delta F}{\Delta l} \tag{7-4}$$

对于均匀磁场,通过面积 S 中的 B 呈均匀状态,且 B 沿磁路 l 的方向也是均匀(等值)的。此时:

$$B = \frac{\phi}{S} \tag{7-5}$$

$$H = \frac{F}{l} \tag{7-6}$$

因此,只需通过测量 ϕ 和 F,就可确定 B 和 H 了。

1. 软磁材料静态特性测量

所谓静态特性是指工作在恒定磁场或超低频如几赫兹电流激励的磁场下的材料表现出的性质。常用测量材料磁性能的方法有冲击法、热磁仪、磁强计、磁天平等。为了全面衡量材料的磁性能,需要测量其磁化曲线和磁滞回线,对于软磁材料,最常用的方法是冲击法。冲击法的原理图如图 7-1 所示。

图中 O 为样品,为了消除退磁场的影响,样品的标准形状应为环形,N_1 为磁化线圈,N_2 为测量线圈,G 为冲击检流计,A 为直流电流表,M 为标准互感器。在线圈 N_1 中通入电流 i,则在线圈 N_1 中产生磁场 H,H 的大小为

$$H = \frac{N_1 i}{l} \tag{7-7}$$

式中:l 为环形样品的平均周长。样品被磁化,设其磁感应强度为 B。如果利用换向开关 K_1 突然使电流换向(开关 K_2 闭合),则线圈 N_1 中的磁场 H 从 $-H$ 变化成 $+H$,这个变化是在极短的时间 τ 下完成的。此时,样品中的 B 也应该由 $-B$ 变化为 $+B$,样品中的磁通量为 $\phi = BS$,其中 S 是样品的横截面积。磁通量的变化引起线圈 N_2 中产生的感生电动势 ε 为

$$\varepsilon = -N_2 \frac{d\phi}{d\tau} = -N_2 S \frac{dB}{d\tau} \tag{7-8}$$

感生电动势 ε 在由 N_2、M、G、R_3、R_4 所组成的测量回路中产生电流 $i_0 = \varepsilon/r$，r 为回路折合电阻。此电流为瞬时电流,对其作积分得

$$Q = \int_0^\tau i_0 \mathrm{d}t = \int_0^\tau \frac{\varepsilon}{r} \mathrm{d}t = \frac{N_2 S}{r} \int_{-B}^{+B} \mathrm{d}B = \frac{2N_2 SB}{r} \qquad (7-9)$$

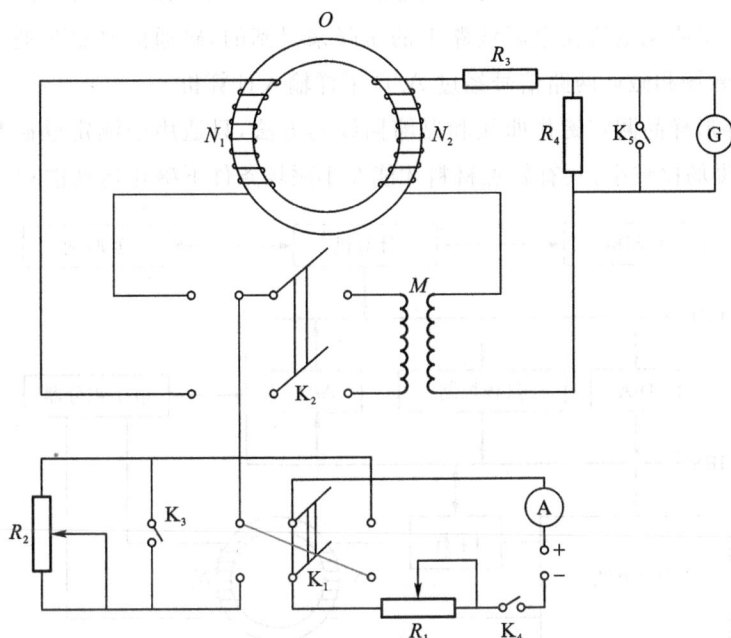

图 7-1 冲击法测软磁材料磁化曲线原理图

Q 使检流计指示部分出现一个偏角 α，$Q = C\alpha$，C 为冲击检流计常数,故

$$2N_2 BS/r = C\alpha，B = Cr\alpha/2N_2 S$$

其中,Cr 可以用下面的步骤求得。

利用本线路中的标准互感器 M,当开关 K_2 合上 M 的线路时,设在标准互感器 M 的主线圈上电流 i 由 0 变为 i'，其副线圈两端产生的感应电动势为 ε'：

$$\varepsilon' = -M \frac{\mathrm{d}i}{\mathrm{d}\tau}$$

因此,在测量回路中产生的感生电流为 $i_0' = \varepsilon'/r$。设通过检流计的电量为 Q'，并引起偏角 α_0。则

$$Q' = \int_0^\tau i_0' \mathrm{d}t = -\int_0^{i'} \frac{M}{r} \mathrm{d}i = -\frac{M}{r} i' = Cr\alpha_0 \qquad (7-10)$$

$$Cr = -\frac{M}{\alpha_0} i' \qquad (7-11)$$

式中:Cr 为测量电路的冲击常数;M 为互感器的互感系数。

要测量磁化曲线和磁滞回线,就要测量相对应的 B 和 H，那么如何测量 H 呢?在励磁线圈中,通以电流 i，则产生的磁场强度为

$$H = \frac{N_1 i}{l}$$

在不同的磁场强度 H 下,测出 B,就可绘出磁化曲线和磁滞回线。

传统冲击法使用的是检流计,本实验中所采用的测试系统使用电子积分器来代替检流计,获得检测结果。实验所用软磁直流测试原理如图 7-2 所示。图中被测样品具有闭合磁路的结构,N_1 为初级励磁线圈,N_2 为次级感应线圈。磁化电流的大小由计算机控制,磁场的测量是通过测量磁化电流在电阻线路上的压降来得到的,磁通的测量是通过模拟电子积分器来完成的,磁场和磁通两路信号经过 A/D 采样输入计算机。

这种利用环形样品测定磁化曲线和磁滞回线的方法,只适用于测定软磁材料。因为线圈 N 所产生的磁场比较小,只有软磁材料才能在小磁场条件下磁化达到饱和。

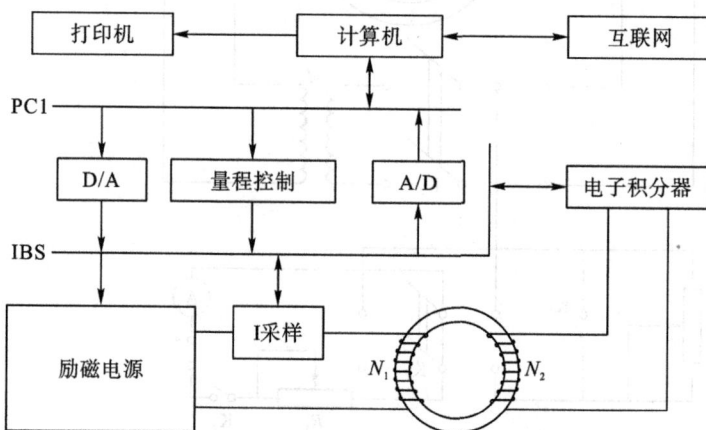

图 7-2 软磁直流测试系统工作原理图

2. 软磁材料动态特性测量

动态特性是指软磁材料在低于工频到几千赫兹甚至更高频率激励情况下所表现出来的磁特性。交变磁场小的磁特性测量主要用于软磁材料。动态特性测量应该注意测试条件的影响,包括波形条件、样品尺寸和状态(先退磁—磁中性化)、测量顺序及样品温升等问题。

测量软磁材料动态特性的方法有伏安法、示波法、电桥法等,本实验采用的是伏安法。

伏安法是最简单最方便的测试交流磁化曲线方法,其原理如图 7-3 所示。实验中使用的仪器有安培计 A、伏特计 V,N_1 为励磁线圈匝数、N_2 为测量线圈匝数、E_A 为交流电源,幅值可调。

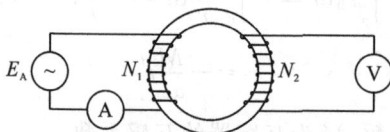

图 7-3 伏安法测交流磁化原理图

在电源为正弦波的条件下,样品中的峰值磁场强度 H_m 经过计算为

$$H_m = \sqrt{2} N_1 I / l_s$$

其中,l_s为试样的平均磁路长度。

当试样中有一交变磁通时,在线圈 N_2 中将产生感应电动势,用并联整流式电压表(磁通伏特计)可测得平均电动势 E,其值可表示为 $E = 4N_2 S f B_m$。这样求出不同磁化电流下磁场强度峰值 H_m 和磁感应强度峰值 B_m,然后绘出 $H_m - B_m$ 曲线。

而本实验中,磁化电流为 $i_1(t)$,检测线圈输出电压为 $u_2(t)$,则

$$H(t) = \frac{N_1 \times i_1(t)}{l} \tag{7-12}$$

$$B(t) = \frac{1}{N_2 S} \int u_2(t) \, dt \tag{7-13}$$

交流测试的被测试样也为具有闭合磁路的环形样品。通过计算机控制励磁电源的频率,电压(电流)通过电压或电流采样回路将励磁电流和感应电压送到高速 A/D 采样的两个通道,同时采样两路信号几个周期。计算机对采样的波形进行分析、计算后可得出被测样品的交流动态参数。软磁交流系统工作原理见图 7-4。

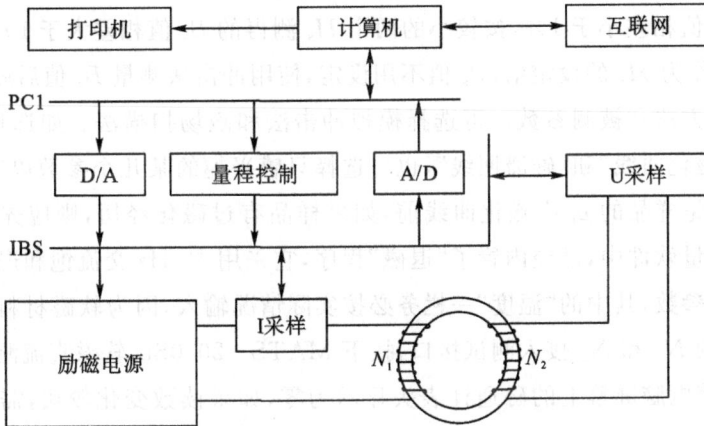

图 7-4　软磁交流测试系统工作原理图

三、实验材料与设备

1)MATS-2010SD 软磁直流测量装置、MATS-2010SA 软磁交流测量装置。

2)环形样品、漆包线、卡尺、样品盒。

四、实验内容

1. 软磁材料直流静态特性的测试步骤

1)准备环形试样。

2)依次打开电源显示器、电脑主机,等待操作系统正常启动。

3)运行软磁测量软件进入主界面,打开 MATS-2010SD 软磁直流测量装置的电源。

4)选择样品类型,对照参数输入栏中的样品示意图测量样品尺寸,输入样品参数。

5)确定 N_1 和 N_2 的匝数。在不知样品性能的情况下，N_1 和 N_2 的选择先从 $1:1$ 开始，通过对样品进行测试，可根据测试过程中磁通信号（测试波形中的绿线）和磁场信号（测试波形中的红线）的强弱来调整下次测试时的 N_1 和 N_2 的匝数。具体的调整原则为：在一次测试过程中，如果红线始终位于 $-0.1\sim+0.1$，就应减少 N_1 的匝数；如果电流量程已经自动选择了 10 A 挡，红线也已经超过了 ±0.9，并且样品还没有测试到饱和状态，就应增加 N_1 匝数；如果绿线始终位于 $-0.1\sim+0.1$，就应增加 N_2 的匝数；如果磁通量程已经自动选择了 2 mWb×10 挡，并且绿线也已经超过了 ±0.4，就应减少 N_2 的匝数。在测量磁导率 μ_i 的过程中，计算机会自动选择 N_1 和 N_2 中匝数较少的线圈作为励磁线圈。

6)选择直流测试，输入测试参数，根据被测样品种类设定 H_i、d_B、H_s 和 B_s。H_i 的设定对铁氧体为 $1\sim3$ A/m，对硅钢片为 $3\sim5$ A/m，对坡莫合金、非晶和纳米晶体为 $0.08\sim0.8$ A/m；d_B 的设定一般为被测样品 B_s 的 1%；H_s 的设定一般为被测样品 H_c 的 $50\sim100$ 倍，当被测样品的性能未知时，可以通过使用冲击法单测 B_s 来估计 H_s 的设定。具体的操作如下：通过三次以上的测量，当三个不同的 H_s 值设定从小到大依次相差 2 倍，按较大的两个 H_s 值测得的 B_s 值相差小于 1%，按较小的两个 H_s 测得的 B_s 值相差大于 10%，那么就以最大的那个 H_s 值作为 H_s 的设定值；B_s 值不用设定，使用冲击法测量 B_s 值后就会自动填入。

7)选择测试方法和被测参数。可选择模拟冲击法和磁场扫描法。如选择模拟冲击法，则可选择测量"磁化曲线"和"磁滞回线"，也可选择只感兴趣的某几个参数以节省时间；在使用模拟冲击法测量样品的 μ_i 或磁化曲线前，如果样品有过磁化经历，则应先将样品作退磁处理。在软磁测量软件中，已经内置了"退磁"程序，它采用 10 Hz 交流饱和退磁。

8)输入记录参数，其中的"温度"一栏务必按实际情况输入，因为软磁材料的磁性能与温度相关；将样品的 N_1 和 N_2 接入测试接口，按下 MATS-2010SD 软磁直流测量装置前面板上的"清零"键，使电脑屏幕上的磁通计表头显示为零，如果读数变化较快，需调整前面板上的"调零"旋钮，使读数基本不变化为止。

9)确保"磁通计"和"电流计"表头的"自动"挡已经按下；单击工具栏上的"测试"命令或按"F9"，开始测试过程。

10)测试完毕后，打印测试报告。将样品从测试接口上拆除，关闭软磁直流测量装置电源，关闭软磁测量软件，关闭电脑主机。

2. 软磁交流动态特性的测量

1)准备环形样品，开机，运行软磁测量软件进入主界面。

2)开启 TPS-200SA 软磁交流测试电源，调节电压表头的显示，使电压表头显示"0 MV"。

3)选择样品类型。对照参数输入栏中的样品示意图测量样品尺寸，输入样品参数。

4)确定 N_1 和 N_2 的匝数。在不知道被测样品性能的情况下，N_1 和 N_2 的选择先从 $1:1$ 开始，通过对样品进行测试，用户可根据测试过程中的提示（显示在主界面的状态栏中）来调整下次测试时 N_1 和 N_2 的匝数。

5)选择交流测试,设定测试点个数、每个测试点的频率和 B_m 值。测试点位置的选择是否合适对组合成的曲线形状影响很大,为了能较完整地组合出整个曲线,在起始磁化区域和曲线的拐点处要多测几点。

"固定频率"的多点测量,主要用于测试被测样品的交流磁化曲线、μ_a-H 磁导率曲线和 P_s-B 功耗曲线。

"固定 B_m"的多点测试,主要用于测试被测样品的 μ_a-F 磁导率曲线和 P_s-F 功耗曲线。

特别注意,测试点的设置顺序一定要从低磁感到高磁感。如果要改变测量频率或重复从低磁感到高磁感进行测量,则应重新对样品进行退磁处理。退磁方式采用 50 Hz 交流饱和退磁。

6)输入记录参数。其中的"温度"一栏务必按实际情况输入,因为软磁材料的磁性能与温度相关;其他栏目可用于对样品分类和识别。

7)样品的 N_1 和 N_2 接入测试接口。单击工具栏上的"测试"命令或"F9",开始测试过程。如测试多个点,则每测完一个数据,系统会自动将该数据存盘,并在索引数据表格中增加一行测试结果。

8)测试完成后,显示最后一次的"测试波形"。用户可选择显示"磁滞回线""磁化曲线""磁导率曲线"和"功耗曲线"。

当选择"组成簇"时,如果组成簇的文件是按固定频率组合的,则可选择显示基本磁化曲线、μ_a-H 磁导率曲线和 P_s-B 功耗曲线;如果组成簇的文件是按固定 B_m 组合的,则可选择显示 μ_a-F 磁导率曲线和 P_s-F 功耗曲线。

9)单击工具栏上的"打印"命令或"F5",就可将当前显示的曲线打印出来。将样品从测试接口上拆除,关闭软磁交流测试电源,关闭测量软件,关闭电脑主机。

五、实验报告要求

1)写出实验的目的、意义和原理。

2)写出实验数据和测量结果。

3)分析和讨论软磁材料的性能。

实验八　高温居里点测试

铁磁性物质的磁性随温度的变化而改变。当温度上升到某一温度时,铁磁性材料就由铁磁状态转变为顺磁状态,即失掉铁磁性物质的特性而转变为顺磁性物质,这个温度称为居里温度,以 T_c 表示。测量 T_c 不仅对磁性材料、磁性器件的研制、使用,而且对工程技术乃至家用电器的设计都具有重要的意义。

通常,测量铁磁性物质居里温度的方法有磁秤法、电桥法和感应法等。本实验在观察法的基础上,设计了相应的辅助测试电路,测定了铁磁物质的居里温度。

一、实验目的

1)初步了解铁磁物质由铁磁性转变为顺磁性的微观机理。
2)学习测定铁磁物质居里温度的原理和方法。
3)测定铁磁物质的居里温度。

二、实验原理

1. 基本理论

在铁磁性物质中,相邻原子间存在着非常强的交换耦合作用,这个相互作用促使相邻原子的磁矩平行排列起来,形成一个自发磁化达到饱和状态的区域,这个区域的体积约为 $10^{-8}\,m^3$,称为磁畴。

在没有外磁场作用时,不同磁畴的取向各不相同。因此,对整个铁磁物质来说,任何宏观区域的平均磁矩为零,铁磁物质不显示磁性。当有外磁场作用时,不同磁畴的取向趋于外磁场的方向,任何宏观区域的平均磁矩不再为零,且随着外磁场的增大而增大。当外磁场增大到一定值时,所有磁畴沿外磁场方向整齐排列。任何宏观区域的平均磁矩达到最大值,铁磁物质显示出很强的磁性,即铁磁物质被磁化了。铁磁物质的磁导率 μ 远远大于顺磁物质的磁导率。

铁磁物质被磁化后具很强的磁性,但这种强磁性与温度有关。随着铁磁物质温度的升高,金属点阵热运动的加剧会影响磁畴矩的有序排列。但在未达到一定温度时,热运动不足以破坏磁畴磁矩基本的平行排列,此时任何宏观区域的平均磁矩仍不为零,物质仍具有磁性,只是平均磁矩随温度升高而减小。而当与 kT(k 是玻尔兹曼常数,T 是绝对温度)成正比的热运动足以破坏磁畴磁矩的整齐排列时,磁畴被瓦解,平均磁矩降为零,铁磁物质的磁性消失而转变为顺磁物质,相应的铁磁物质的磁导率转化为顺磁物质的磁导率。居里温度就是对应于这一磁性转变时的温度。任何区域的平均磁矩称为自发磁化强度,用 M_1 表示。

一般自发磁化强度与饱和磁化强度 M 很接近,可用饱和磁化强度近似代替自发磁化强度,根据饱和磁化强度随温度变化的特性来判断居里温度。

同物质的熔点温度一样,不同材料的居里温度是不同的,有些高达 1000 K,有些则只有几百开尔文,如钴、铁、镍的居里温度分别为 1393 K、1043 K 和 631 K。

2. 测量装置及原理

1)测量装置。

由居里温度的定义知道要测定铁磁物质的居里温度,其测定装置必须具备四个功能:提供使样品磁化的磁场;改变铁磁物质温度的温控装置;判断铁磁物质磁性是否消失的判断装置;测量铁磁物质磁性消失时所对应温度的测温装置。以上四个功能由图 8-1 所示的系统装置来实现。

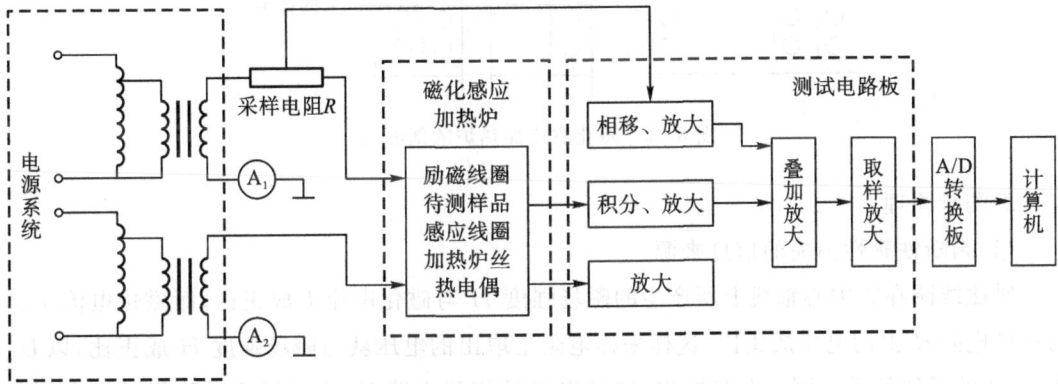

图 8-1　测量居里温度装置图

磁化感应加热炉实现测量条件前两条所要求的功能,并为测试板提供所需的信号,热电偶实现测量条件第四个功能,测试电路板对来自励磁回路、感应回路、热电偶的信号进行适当的处理送入 A/D 板中,A/D 转换板将模拟信号转换成数字信号送入计算机中,计算机的软件系统自动查寻接收到的温差电动势 ε 所对应的温度 t,并根据由 H、B 合成的信号 M'(准饱和磁化强度,它的定义在后面介绍)随温度 t 变化的特性,确定居里温度 T_c。

磁化感应加热炉剖面图如图 8-2 所示,待测样品及测温热电偶放在陶瓷管的中心,加热炉丝绕在陶瓷管上,然后用硅酸铝绝热毡包裹,置于水冷套管中,通过改变炉丝中的电流来改变管中的温度,励磁线圈绕在水冷套管的外壁上,当给其中通以电流时就在管的中心线上产生一均匀的磁场用以磁化待测样品;感应线圈绕在最外层用以探测总磁场的变化,为居里温度的判断提供必需的信息,水冷套的作用是保护励磁线圈及感应线圈不被加热炉的高温烧坏。

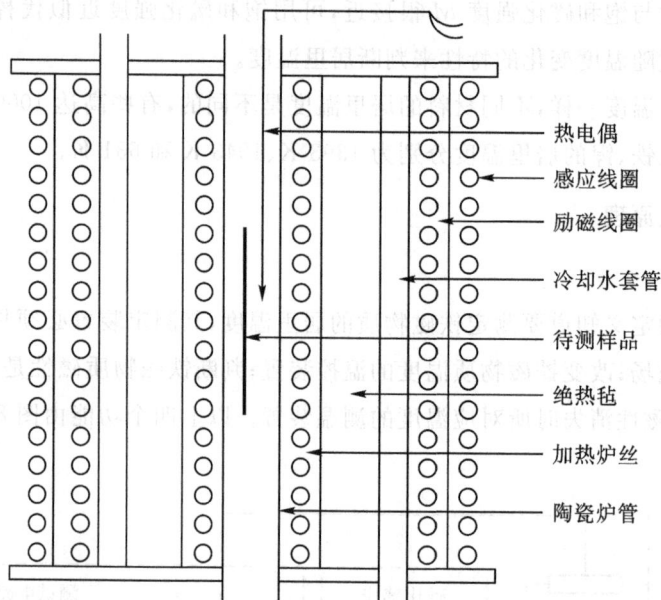

图 8-2 磁化感应加热炉的剖面图

2)测量原理。

(1)判断铁磁性消失的信息来源。

励磁线圈在管中心轴线上所产生的磁场强度 H 与磁化电流 I 成正比,而磁化电流 I 又与采样电阻 R 上的电压成正比,这样采样电阻上取出的电压就与磁场强度 H 成正比,以 U_R 表示 H 的近似值送入测试电路板中,测试电路的相移电路对 H 进行适当移相后作为判断居里温度的信息之一。

当感应线圈所在空间的磁性发生变化时,在感应线圈中就会产生感应电动势,由电磁感应定律有

$$\varepsilon = \frac{d\phi}{dt} = -NS\frac{dB}{dt} \tag{8-1}$$

式中:S 为线圈的面积;N 为线圈的匝数。将此感应电动势 ε 送入测试电路板中,对时间积分得

$$B = -\frac{1}{NS}\int \varepsilon dt \tag{8-2}$$

故由积分电路输出的信号正比于总的磁感应强度 B,将它作为判断居里温度的信息之二。

(2)根据 B、H 随待测样品磁性变化的情况判断居里温度。

磁场强度 H 及磁感应强度 B 随样品磁性变化的情况如下(用 H_m、B_m 分别表示它们的峰值):

①室温放样品前后 H、B 的变化。

a.放样品前:放样品前的磁场强度和磁感应强度分别用 H_1 和 B_1 表示。通过调节相移放大电路及积分放大电路使 H_1 和 B_1 相位相反,且满足:

$$B_{1m}/\mu_0 - H_{1m}\cos\varphi_1 = 0 \qquad (8-3)$$

式中：μ_0 为真空磁导率；φ_1 为放入样品后由于铁磁物质的滞后所引起的磁场强度与磁感应强度间的附加相位差，在此应为零，即 $\varphi_1 = 0$。

b. 放样品后：放样品后的磁场强度和磁感应强度分别用 H_2 和 B_2 表示。当样品放入炉子后，对励磁线圈来说，阻抗增加。因此，在电源电压不变的情况下，励磁电流 I 减小，故 $H_2 < H_1$。而对感应线圈来说，磁导率增大（铁磁物质的磁导率远大于空气的磁导率），故 $B_2 > B_1$，并且由于铁磁物质的磁滞特性，B_2 与 H_2 不再是完全反相的，而有一附加的相位差 φ_2（$\varphi_2 \ll \pi/2$），即

$$B_{2m}/\mu_0 - H_{2m}\cos\varphi_2 = C_1 \qquad (8-4)$$

式中：C_1 为大于零的常数。

②放样品加温后 B、H 的变化。

加温后的磁场强度和磁感应强度分别用 H_3 和 B_3 表示。

a. 当炉温高于室温而低于但接近居里温度的某一特殊温度时（用 T' 表示这一特殊温度）：在开始升温到接近居里温度 T' 的这一温度范围内，由于铁磁性基本稳定，故 H_3、B_3 及 φ_3 均保持不变，$B_3 = B_2$，$H_3 = H_2$，$\varphi_3 = \varphi_2$，故

$$B_{3m}/\mu_0 - H_{3m}\cos\varphi_3 = C_1 \qquad (8-5)$$

b. 当炉温接近居里温度 T' 但未达到居里温度时：在接近居里温度但仍低于居里温度的这一小的温度区域内，由于这时铁磁物质开始向顺磁物质转变，故随着温度的升高，磁导率 μ 逐渐减小，B、H 间的相位差 φ 也逐渐减小，因而 B_3 逐渐减小，H_3 逐渐增大，且它们之间的相位差不再是常数，也是随温度变化的，故 $B_{3m}(t)/\mu_0 - H_{3m}(t)\cos\varphi_3(t)$ 将随温度的升高逐渐减小，即

$$B_{3m}(t)/\mu_0 - H_{3m}(t)\cos\varphi_3(t) = C(t)\downarrow \qquad (8-6)$$

c. 当炉温达到居里温度时，铁磁性完全消失而呈现出顺磁性，铁磁物质的磁导率转变为顺磁物质的磁导率，故 $B_3(T_c) \rightarrow B_1 + \Delta B$，$H_3(T_c) \rightarrow H_1 + \Delta H$，$\varphi_3(T_c) = 0$，$\Delta B$ 和 ΔH 均为接近零的正数，它们体现了有无顺磁性物质时 B、H 的变化，则

$$B_{3m}(T_c)/\mu_0 - H_{3m}(T_c)\cos\varphi(T_c) = \Delta B/\mu_0 + \Delta H = C_2 \qquad (8-7)$$

式中：C_2 为大于零的常数，且 $C_1 \gg C_2 \approx 0$。

d. 炉温超过居里温度后，由于顺磁性基本稳定，故 B 和 H 都是稳定而不再变化的，因而式(8-7)始终成立。

根据以上分析，在有无样品、是否加温的不同条件下，$B_m/\mu_0 - H_m\cos\varphi$ 的变化规律可用以下分段函数表示：

$$B_m/\mu_0 - H_m\cos\varphi = \begin{cases} 0 & [\text{室温，无样品}] \\ C_1（\text{正常数}） & [t \leqslant T'，\text{有样品}] \\ C(t)\downarrow & [T' < t < T_c，\text{有样品}] \\ C_2（C_1 \gg C_2 \approx 0） & [t \geqslant T_c，\text{有样品}] \end{cases}$$

若令 $B_m/\mu_0 - H_m\cos\varphi = M'$，并称 M' 为准饱和磁化强度（因为它与饱和磁化强度在物理意义及随温度变化的关系方面有极大的相似之处），则通过测量准饱和强度 M' 随温度的变化关系曲线，找出 $M'-t$ 曲线上 M' 刚开始等于 C_2 的点所对应的温度，此温度即为居里温度。

M' 是通过测试电路板中的叠加放大和取峰放大电路对 B、H 进行处理后得到的。

三、实验材料与设备

待测样品，热电偶，测试仪，磁化感应线圈，加热炉，水冷循环系统。

四、实验内容

1）按图 8-3 连接好线路。

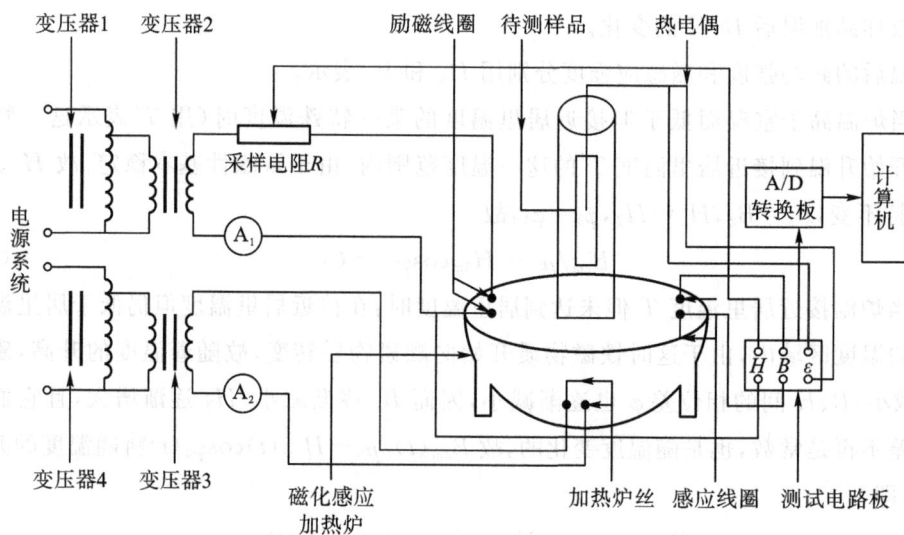

图 8-3 接线示意图

2）接通变压器 1 和测试电路板的电源，调节变压器 1 使 A_1 的励磁电流为 0.5 A。

3）将待测样品和热电偶同时插入加热炉的中心。

4）接通冷却水源。

5）接通计算机的电源并运行测试软件，屏幕上即出现 $M'-t$ 坐标图，然后根据提示输入实验室的温度值。

6）接通加热电源，每隔 5 min 调节一次变压器 4 的电压，使由 A_2 所示的加热电流由零逐渐增加到 1.8 A（每次电流变化量为 0.2 A）。

7）观察 $M'-t$ 曲线的变化情况，记下 M' 刚开始接近零时所对应的温度值，此值即为所测的居里温度。

8）调节变压器 2 使加热电流降到零，炉子开始降温，当温度降到低于居里温度时，再增加加热电流至 1.8 A，重复步骤 7），如此重复 3～4 次。

9）将变压器 4 的输出电压降至零并关闭其电源，待炉温降到低于 300℃时关闭冷却水。

10)将变压器1的输出电压调至零,关闭其电源和测试电路板的电源。

11)退出测试软件系统,关闭计算机。

五、数据处理

将各次测量所得的居里温度求平均值,并与标准值进行比较,求出其相对百分误差。

六、注意事项

1)待测样品须为薄片状,且其几何尺寸与加热炉的几何尺寸相比应小得多。

2)待测样品和热电偶的测温端应放在炉子的中心。

3)避免装置周围有强的电磁场干扰。

七、思考题

1)试分析样品和热电偶的测温端不在炉子中心位置对测量结果的影响。

2)采样电阻 R 有什么作用?

实验九　粉末粒度分布检测

粒度测试是通过特定的仪器和方法对粉体粒度特性进行表征的一项实验工作。粉体在我们日常生活和工农业生产中的应用非常广泛,如面粉、水泥、塑料、造纸、橡胶、陶瓷、药品等。不同应用领域对粉体特性的要求各不相同,在所有反映粉体特性的指标中,粒度分布是最受关注的一项指标。所以客观真实地反映粉体的粒度分布是一项非常重要的工作。粒度测试的方法有很多,据统计有上百种。目前常用的有沉降法、激光法、筛分法、图像法和电阻法五种,本实验采用激光法。

一、实验目的

1)基本掌握粉末粒度测量的基本原理和测试方法。
2)学会使用激光粒度分布仪,了解其构造原理和使用方法。
3)测量几种粉末的粒度分布。

二、实验原理

光在传播过程中,波前受到与波长尺度相当的孔隙或颗粒的限制,以受限波前处各元波为源的发射波因空间干涉而产生衍射和散射,衍射和散射的光能在空间角度分布与光波波长和孔隙或颗粒的尺度有关。激光法就是根据激光照射到颗粒后,颗粒能使激光产生衍射或散射的现象来测试粒度分布的。由激光器发出的激光经扩束后成为一束直径为 10 mm 左右的平行光。在没有颗粒的情况下该平行光通过傅里叶透镜后汇聚到后焦平面上,如图 9-1 所示。

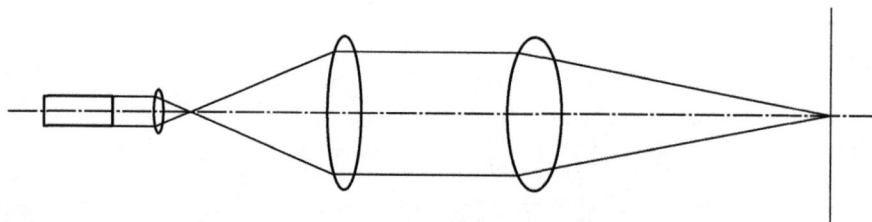

图 9-1　激光经过没有颗粒的物体时的光路图

当通过适当的方式将一定量的颗粒均匀地放置到平行光束中时,平行光将发生散射现象。一部分光将与光轴呈一定角度向外传播,如图 9-2 所示。那么,散射现象与粒径之间有什么关系呢?理论和实验都证明:大颗粒引发的散射光的角度小,反之,颗粒越小,散射光与轴之间的角度就越大。这些不同角度的散射光通过傅里叶透镜后在焦平面上将形成一系列不同半径的光环,由这些光环组成的明暗交替的光斑称为艾里(Airy)斑。艾里(Airy)斑中包含着丰富的粒度信息,简单地理解就是半径大的光环对应着较小的粒径;半径小的光环对应着较大的粒径;不同半径光环的光的强弱,包含该粒径颗粒的数量信息。这样在焦平面上放置一系列的光电接收器,将由不同粒径颗粒散射的光信号转换成电信号,并传输到计算机中,通过米氏散射理论对这些信号进行数学处理,就可以得到粒度分布了。

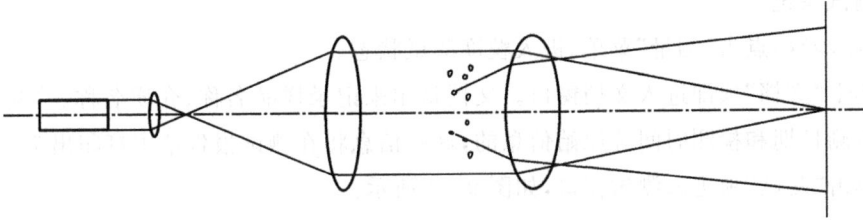

图 9-2　激光经过有颗粒物体时的光路图

　　用激光作光源,是因为激光是波长一定的单色光,其经过颗粒或孔隙后,衍射和散射的光在空间角度的分布与孔隙或颗粒的粒径有关。对颗粒群的衍射,各颗粒级的多少决定着对应各特定角度处获得的光能量的大小,各特定角度光能量在总光能中的比例反应着各颗粒级的分布丰度。

三、实验仪器

　　BT-2003 激光粒度分布仪是采用米氏散射原理进行粒度分布测量的。如图 9-3 所示,当半导体激光器发射出一束平行的单色激光照射到颗粒上时,就发生了散射,散射光经傅里叶透镜后,照射到光电探测器上的任一点都对应于某一确定的散射角,光电探测器阵列由一系列同心环带组成,每个环带是一个独立的探测器,能将投射到上面的散射光线性地转换成电压,然后送给数据采集卡,该卡将电信号放大,再进行 A/D 转化后送入计算机。

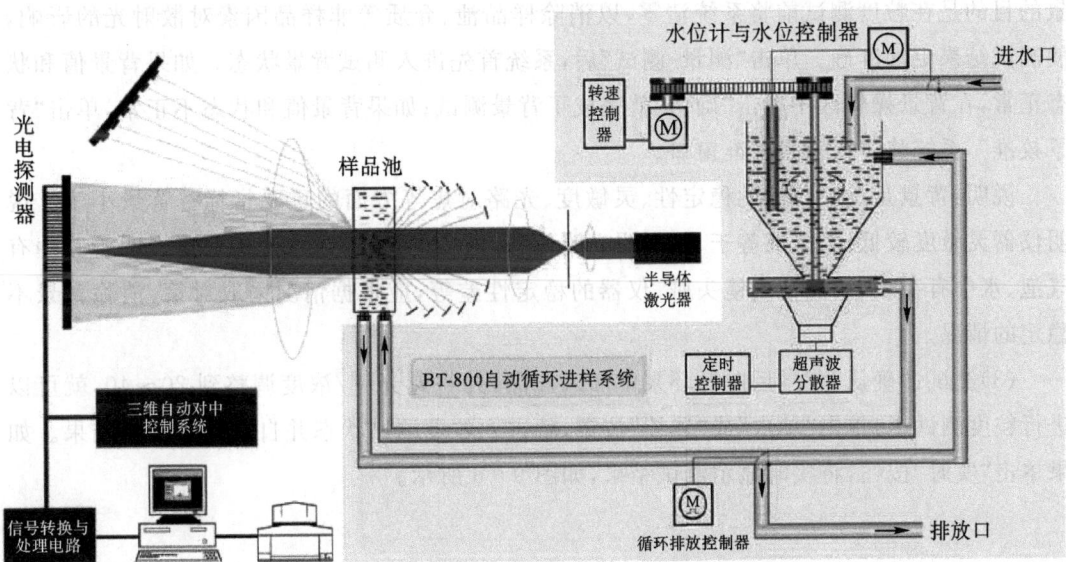

图 9-3　BT-2003 激光粒度分布仪原理示意图立

四、实验内容

1)开机。开机顺序为:总电源、激光粒度仪、循环分散系统、电脑。

2)启动百特激光粒度分析系统。在 Windows 系统桌面上单击"百特激光粒度分析系统"进入测试系统。

3)测试步骤:点击"测量"菜单,进入粒度测试状态。

(1)单击"文档"项即进入文档窗口。文档是用来记录样品名称、介质名称、检测单位、样品来源、检测日期和检测时间等原始信息的,这些信息将在测试报告单中打印出来。

(2)单击"测试"项进入测试窗口,如图 9-4 所示。

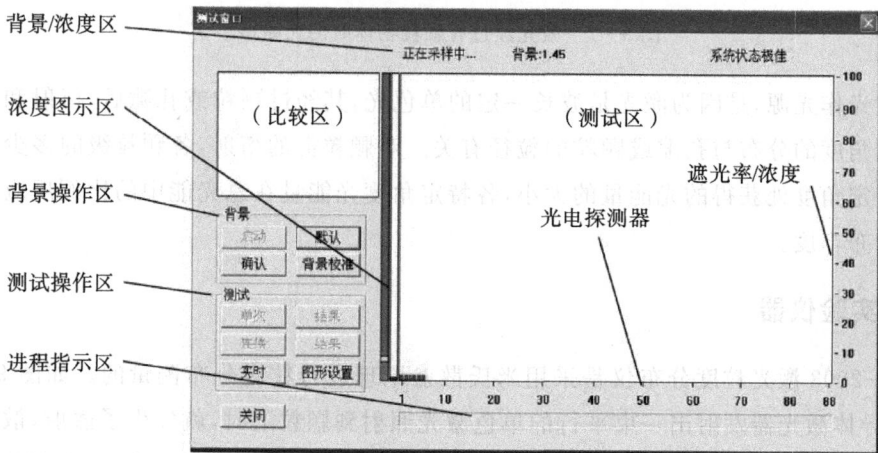

图 9-4 测试窗口示意图

背景:在没有加入样品时各个光电探测器上的信号值,正常状态下数值为 2~6。测试背景的目的是在粒度测试前将系统清零,以消除样品池、介质等非样品因素对散射光的影响,使测试结果更加准确。单击"测量-测试"后,系统首先进入测试背景状态。如果背景值和状态正常,在背景操作区中单击"确认"就完成了背景测试;如果背景值和状态不正常,单击"背景校准",系统将进入背景校准窗口。

说明:背景是反映仪器的稳定性、灵敏度、光路对焦等方面的重要指标。背景小于 1 说明仪器灵敏度较低;大于或等于 10 说明光路偏移,需要进行校准;背景不稳定说明管路中有气泡、水中有杂质、样品池或镜头脏、仪器的稳定性差等,应根据情况采取对策,消除背景不稳定的情况。

(3)测试:"确认"背景后向循环泵中加入样品,并将遮光率/浓度调整到 20~40,就可以进行粒度测试了,单击"单次"或"连续"按钮,就进入粒度测试状态并自动显示测试结果。如果单击"实时"按钮,将实时显示测试结果,如图 9-5 所示。

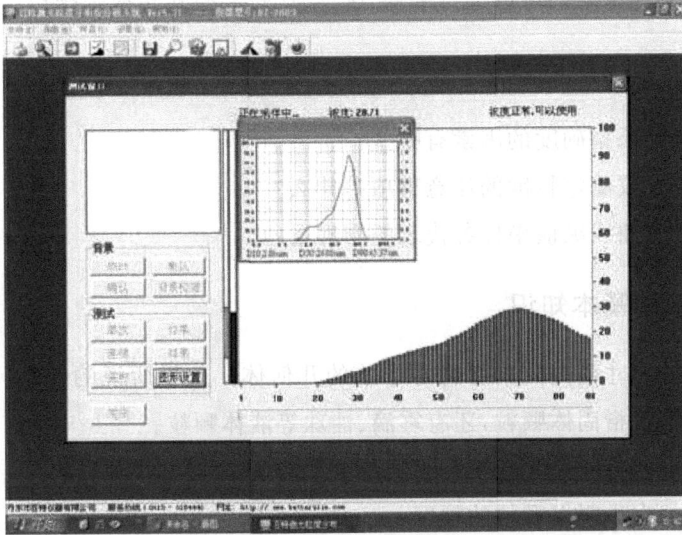

图 9-5 测试状态图

单次:如单击"单次"按钮,将得到一次的测试结果,如图 9-6 所示。

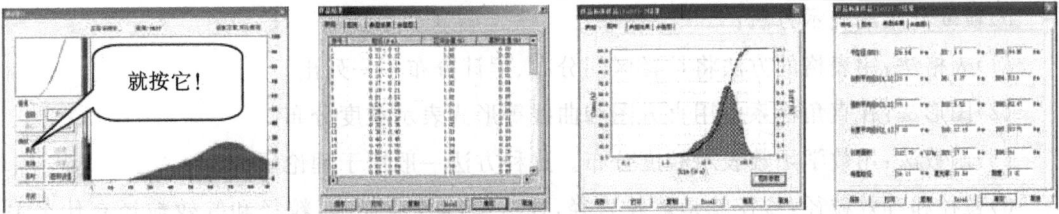

图 9-6 单次测试结果

连续:如单击"连续"按钮,将得到多次测试结果。多次的次数由"设置-测试参数-连续次数"所决定,其结果如图 9-7 所示。

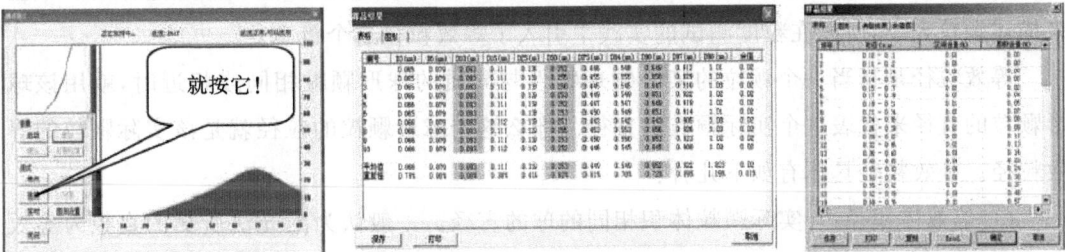

图 9-7 连续测量结果

图形:单击"图形设置"按钮,可以设置测试区中光能信号图形的状态和颜色。

结果:重新显示上一次的测试结果。

(4)数据存储完毕,打开排水阀,被测液排放干净后关闭排水阀,加入清水或其他液体冲洗循环系统,重复冲洗至测试软件窗口粒度分布无显示时说明系统冲洗完毕。

(5)对存储后的测量结果可以进行平均、统计、比较和模式转换等操作。

五、思考题

1)影响该实验结果精确度的因素有哪些?

2)激光粒度分布仪测定粒度的注意事项是什么?

3)指出粒度分布曲线纵横坐标各代表的物理量。

六、粒度测试的基本知识

1)颗粒:在一定尺寸范围内具有特定形状的几何体。这里所说的一定尺寸一般在毫米到纳米之间,颗粒不仅指固体颗粒,还有雾滴、油珠等液体颗粒。

2)粉体:由大量的不同尺寸的颗粒组成的颗粒群。

3)粒度:颗粒的大小叫作颗粒的粒度。

4)粒度分布:用特定的仪器和方法反映出的不同粒径颗粒占粉体总量的百分数。有区间分布和累计分布两种形式。区间分布又称为微分分布或频率分布,它表示一系列粒径区间中颗粒的百分含量。累计分布也叫积分分布,它表示小于或大于某粒径颗粒的百分含量。

5)粒度分布的表示方法:

(1)表格法:用表格的方法将粒径区间分布、累计分布一一列出。

(2)图形法:在直角标系中用直方图和曲线等形式表示粒度分布。

(3)函数法:用数学函数表示粒度分布。这种方法一般用于理论研究。

6)粒径和等效粒径:粒径就是颗粒直径,什么是等效粒径呢,粒径和等效粒径有什么关系呢?我们知道,只有圆球体才有直径,其他形状的几何体是没有直径的,而组成粉体的颗粒又绝大多数不是圆球形的,而是各种各样不规则形状的,有片状的、针状的、多棱状的等。这些复杂形状的颗粒从理论上讲是不能直接用直径这个概念来表示它的大小的。而在实际工作中直径是描述一个颗粒大小的最直观、最简单的一个量,我们又希望能用这样的一个量来描述颗粒大小,所以在粒度测试的实践中引入了等效粒径这个概念。

等效粒径是指当一个颗粒的某一物理特性与同质的球形颗粒相同或相近时,就用该球形颗粒的直径来代表这个实际颗粒的直径。那么这个球形颗粒的粒径就是该实际颗粒的等效粒径。等效粒径具体有如下几种:

(1)等效体积径:与实际颗粒体积相同的球的直径。一般认为激光法所测的直径为等效体积径。

(2)等效沉速径:在相同条件下与实际颗粒沉降速度相同的球的直径。沉降法所测的粒径为等效沉速径,又叫斯托克斯(Stokes)径。

(3)等效电阻径:在相同条件下与实际颗粒产生相同电阻效果的球形颗粒的直径。库尔特法所测的粒径为等效电阻径。

(4)等效投影面积径:与实际颗粒投影面积相同的球形颗粒的直径。显微镜法和图像法所测的粒径大多是等效投影面积径。

7)表示粒度特性的几个关键指标：

(1)D50：一个样品的累计粒度分布百分数达到 50％时所对应的粒径。它的物理意义是粒径大于它的颗粒占 50％，小于它的颗粒也占 50％，D50 也叫中位径或中值粒径，常用来表示粉体的平均粒度。

(2)D97：一个样品的累计粒度分布数达到 97％时所对应的粒径。它的物理意义是粒径小于它的颗粒占 97％。D97 常用来表示粉体粗端的粒度指标。

其他如 D16、D90 等参数的定义与物理意义与 D97 相似。

(3)比表面积：单位重量的颗粒的表面积之和。比表面积的单位为 m^2/kg 或 cm^2/g。比表面积与粒度有一定的关系，粒度越细，比表面积越大，但这种关系并不一定是正比关系。

8)粒度测试的重复性：同一个样品多次测量结果之间的偏差。重复性指标是衡量一个粒度测试仪器和方法好坏的最重要的指标。它的计算方法是：

$$\sigma = \sqrt{\frac{\sum_{i=1}^{n}(x_i - \overline{x})^2}{n-1}}$$

$$\delta = \frac{\sigma}{\overline{x}} \times 100\%$$

式中：n 为测量次数(一般 $n \geqslant 10$)；x_i 为每次测试结果的典型值(一般为 D50 值)；$\overline{x}$ 为多次测试结果典型值的平均值；σ 为标准差；δ 为重复性相对误差。

影响粒度测试重复性的因素有仪器和方法本身、样品制备、环境与操作等。粒度测试具有良好的重复性是对仪器和操作人员的基本要求。

实验十 材料表面硬度的测定

材料局部抵抗硬物压入其表面的能力称为硬度。固体对外界物体入侵的局部抵抗能力,是比较各种材料软硬的指标。由于规定了不同的测试方法,所以有不同的硬度标准。

硬度分为:①划痕硬度。主要用于比较不同矿物的软硬程度,方法是选一根一端硬一端软的棒,将被测材料沿棒划过,根据出现划痕的位置确定被测材料的软硬。定性地说,硬物体划出的划痕长,软物体划出的划痕短。②压入硬度。主要用于金属材料,方法是用一定的载荷将规定的压头压入被测材料,以材料表面局部塑性变形的大小比较被测材料的软硬。由于压头、载荷以及载荷持续时间的不同,压入硬度有多种,主要是布氏硬度、洛氏硬度、维氏硬度和显微硬度等几种。③回跳硬度。主要用于金属材料,方法是使一特制的小锤从一定高度自由下落冲击被测材料的试样,并以试样在冲击过程中储存(继而释放)应变能的多少(通过小锤的回跳高度测定)确定材料的硬度。

但是压入硬度在工程技术中有广泛的用途。压头有多种,如一定直径的钢球、金刚石圆锥、金刚石四棱锥等。载荷范围为几克力至几吨力(即几十毫牛顿至几万牛顿)。压入硬度对载荷作用于被测材料表面的持续时间也有规定。

一、实验目的

1)掌握静载压入法测定材料硬度的原理和过程。

2)学习使用显微硬度计测定材料的维氏硬度。

二、实验原理

硬度是材料的一种重要力学性能,但在实际应用中,由于测量方法不同,测得的硬度所代表的材料性能也各异,所以硬度没有统一的意义,各种硬度单位也不同,彼此间没有固定的换算关系。

陶瓷及矿物材料常用刻划硬度表示,也叫划痕硬度、莫氏硬度,它只表示硬度由小到大的顺序,或反映材料抵抗破坏的能力,不表示软硬的程度,后面的矿物可划破前面的矿物表面。目前莫氏硬度可分为 15 级。

另外两类测定硬度的方法是:回跳硬度和静载压入硬度。回跳硬度反映弹性变形功的大小,但应用最广泛的是静载压入硬度。

静载压入硬度的试验方法很多,常用布氏硬度、洛氏硬度、维氏硬度及努普硬度法。这些方法的原理都是在静压下将一硬的物体压入被测物体表面,使材料产生局部的塑性变形并产生压痕,根据压痕的大小或深度来确定硬度值;压痕大则材料较软,压痕小则材料较硬。

这几种静载压入硬度试验在压头类型和几何尺寸、硬度值的计算方法、使用范围等方面有一定区别。

显微硬度测定是将显微硬度计上的金刚石压头,在一定负荷的作用下压入待测试样表面,用硬度计上所带的测微器测量正方形压痕的对角线长度。维氏硬度按下式计算:

$$H_V = 1854.4 \frac{P}{D^2}$$

式中:H_V 为维氏硬度值,kg/mm^2;P 为实验力,g;D 为压痕对角线长度,μm。

矿物、晶体和陶瓷材料的硬度取决于其组成和结构。离子半径越小,离子电价越高,配位数越小,结合能就越大,抵抗外力摩擦、刻划和压入的能力也就越强,硬度就较大。而陶瓷材料的显微结构、裂纹、杂质等都对硬度有影响。

布氏硬度是瑞典工程师布里纳于 1900 年提出的。它在工程技术特别是机械和冶金工业中得到广泛使用。布氏硬度的测量方法是用规定大小的载荷 P 把直径为 D 的钢球压入被测材料表面,持续规定的时间后卸载,用载荷值(kgf,$1\ kgf$ 等于 $9.80665\ N$)和压痕面积(mm^2)之比定义硬度值。布氏硬度 HB 的计算式为

$$HB = \frac{P}{\pi D(D - \sqrt{D^2 - d^2})}$$

式中:d 为压痕的平均直径;P 为载荷;D 为压头直径。

三、实验仪器

本实验采用 HV - 1000Z 数字显微维氏硬度计,它是一种由精密机械、光学系统和专用微处理机组合而成的测定仪器,如图 10 - 1 所示。

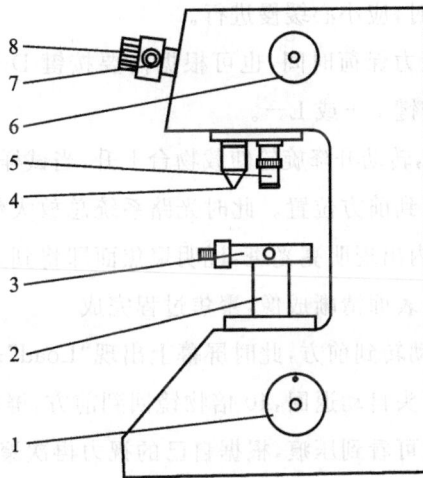

1—升降旋轮;2—升降螺杆;3—载物台;4—压头;5—物镜;6—试验力选择;7—螺旋测微计;8—目镜。

图 10 - 1　显微硬度计侧视图

主要用途有两种：一是单独测定硬度，即用于测定光洁表面的细小或片状的零件和试样的硬度，测定电镀层、氟化层、渗碳层和氰化层等零件表层的硬度，以及测定玻璃、玛瑙等脆性材料和其他非金属的硬度；二是作金相显微镜用，即以观察和拍摄材料的显微组织，并测定其相组织的显微硬度，供研究用。

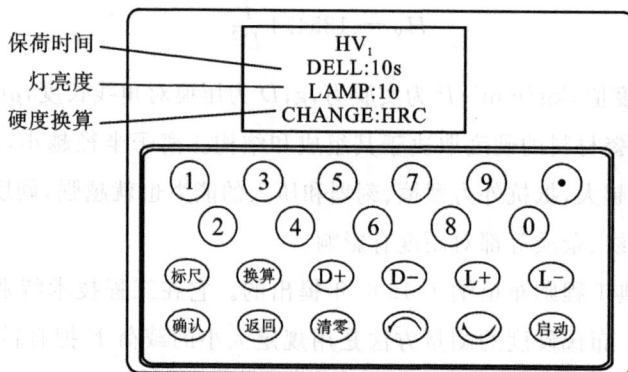

保荷时间
灯亮度
硬度换算

标尺—HV、HK 的选择；清零—测试时对 d_1、d_2 清零；换算—可对 HRC、HV、HL 等进行硬度换算；D＋、D－—保荷时间的选择；L＋、L－—灯亮度的选择；返回—返回到前一界面；启动—开始加载荷；←→转塔转动。

图 10-2 显微硬度计面板图

四、实验内容

1)显微硬度计测试步骤：

(1)插上电源，打开电源开关。屏幕上出现界面，压头转到前方，可以修改数据。

(2)转动试验力手轮，使试验力符合选择要求，试验力选择的力值和屏幕上显示的力值是一致的。旋动试验力手轮时，应小心缓慢进行。

(3)10 s 是最常用的试验力保荷时间，也可根据需要按键 D＋和 D－来改变保荷时间。如视场光源太暗或太亮，可按键 L＋或 L－。

(4)将试样放在载物台上，转动升降旋轮使载物台上升，当试样距离压头下端 0.5～1 mm 时，转动转塔，使 40 倍物镜转到前方位置。此时光路系统总放大倍率为 400 倍，靠近测微目镜观察。在测微目镜的视场内出现明亮光斑，说明聚焦面即将到来，此时应缓慢微量上升载物台，直至目镜中观察到试样表面清晰成像，聚焦过程完成。

(5)按"启动"键，压头自动转到前方，此时屏幕上出现"Load"表示加试验力；同时倒计时表示加载时间，卸载结束后压头自动退回，40 倍物镜回到前方，屏幕回到操作界面。

(6)在测微目镜的视场内可看到压痕，根据自己的视力再次聚焦。

(7)测量压痕对角线方法如下：

$$d = nl$$

式中：d 为压痕对角线长度，μm；n 为测微目镜右鼓轮的格数（1 圈 50 格）；l 为右鼓轮每格最小分度值(0.5 μm)。

在测量压痕对角线时,先转动测微目镜的左鼓轮,这时两刻线同时移动,先对准左边压痕的顶点;然后转动右鼓轮,使另一条刻线对准右边的顶点。

例 在9.800 N试验力下测量压痕的对角线长度:测得 $n=99$ 格(49.5 μm)。

将99按"数字"键输入,在屏幕上出现 $d_1:99$,按"确认"键。屏幕上出现 $d_2:0$,将测微目镜转90°测量另一条压痕的对角线:$n=98$ 格。

将98按"数字"键输入,出现 $d_2:98$,再按"确认"键,屏幕上就出现显微硬度值763.0 HV。

如果要对压痕重新测量一次,则再按"确认"键,屏幕上又出现 d_1,此时重新测量即可。

如果数字按错,则按"清零"键,再重新按"数字"键。

2)布氏硬度计测试步骤:

(1)打开电源开关,主屏幕变亮。转动试验力变换手轮,使试验力符合选择要求,负荷的力值应和当时主屏幕上的显示力值相同。

(2)校准零位:顺时针旋转鼓轮,使得视场内的刻线相接近,当两刻线处于无光隙的状态即零位,按"CLR"键清零。屏幕下方会显示"等待输入 d_1"。

(3)将试样放置于载物台,选择合适的放大倍数,转动物镜至主体正前方位置。摇动升降丝杆手轮,聚焦至视场内图像清晰。

(4)按面板上的↓键,仪器开始加载负荷,这时主屏幕右上方显示向下箭头,表示正在加荷,加荷结束进入保荷状态,主屏幕右上方显示"=",同时保荷时间开始倒计时,倒计时结束进入卸载阶段,屏幕右上方显示向上箭头,卸载结束蜂鸣器发出嘀声,表示试验结束,可以测量。此时再将所选择的物镜转回测量位置测量压痕。

(5)旋转目镜左侧鼓轮,移动左边的刻线与压痕外圆相切,再旋转右边鼓轮移动右边刻线,与压痕另一边外圆相切,按下目镜上的测量按钮,直径长度 d_1 测量完成。转动目镜90°,重复上述步骤,测量直径长度 d_2,按下测量按钮,这时主屏幕上显示本次测量的硬度值。

五、注意事项

1)本仪器试验力正在加载或试验力未卸除的情况下,严禁移动试件,否则会造成仪器损坏。

2)仪器在测量状态下,请不要施加试验力,如不小心按"启动"键,这时不能去动仪器的其他东西,只有等待试验力施加完毕后,才可去动。

3)金刚石压头。

(1)压头和压头轴是仪器非常重要的部分,因此在操作时要十分小心,不能触及压头。

(2)为了保证测试精度,压头应保证清洁,当沾上了油污或灰尘时可用脱脂棉沾上酒精(工业用)或乙醚,在压头顶尖处小心轻擦干净。

4)试样。

（1）试样表面必须清洁，如果表面沾有油脂和污物，会影响测量准确性。在清洁试样时，可用酒精或乙醚抹擦。

（2）当试样为细丝、薄片或小件时，可分别用细丝夹持台、薄片夹持台及平口夹持台夹持，放在十字试台上进行测试；如果试件很小无法夹持，则将试件镶嵌抛光后再进行试验。

六、思考题

1）影响显微硬度测量的因素有哪些？
2）从微观结构上分析被测试样的硬度值。

实验十一　不良导体导热系数测定

从 17 世纪末到 19 世纪中叶,热学经历了早期发展。18 世纪初,英国化学家布莱克提出"热素说",认为热是一种没有质量、没有体积的流体物质,"热素"可以进入一切物体内部,物体含有"热素"越多,温度就越高,反之则越低。这显然是一种错误的解释,因为它不能解释摩擦生热的现象。1736 年,法国科学院把热问题的求解作为悬赏课题,当时提出的问题是:"对于火的本质与传导的研究。"法国著名数学家与物理学家傅里叶(1768—1830)从事热传导的研究可能与此悬奖课题有关,然而他对热学的研究并没有涉及热的本质,而是选择了热传导的数学理论研究,这是有深刻科学意义的。

1807 年傅里叶向法国科学院呈交了一篇题为"热的传播"的论文,得到了科学界的高度重视。后来他对传热理论进行系统研究,历经 15 年的艰苦奋斗,直到 1822 年形成了《热的解析理论》,成功地完成了创建导热理论的任务。他提出的导热定律,现称为傅里叶定律,正确解释了导热实验的结果,从而奠定了导热理论的基础。他推导的导热微分方程是导热问题正确的数学描写,成为求解大多数工程导热问题的出发点。因此,傅里叶被公认为导热理论的奠基人。

材料的热导率是研究材料物理性能的一个重要参数指标,航空、原子能、建筑材料、非金属材料等工业部门都要求对有关材料的热导率进行预测或实际测定。本仪器适用于耐火保温、陶瓷纤维、毡、纺织物、板、砖等材料在不同温度下导热系数的测试。

一、实验目的

1)掌握不良导体导热系数的基本测量原理和仪器的基本构造。

2)了解真空度对测量导热系数的影响。

3)理解稳态法四极点测量导热系数的基本理论。

二、实验原理

热量从系统的一部分传到另一部分或由一个系统传到另一个系统的现象叫传热。热传导是三种传热模式(热传导、对流、辐射)之一。它是固体中传热的主要方式,在不流动的液体或气体层中层层传递,在流动情况下往往与热对流同时发生。

热传导实质是因物质中大量的分子热运动互相作用,而使能量从物体的高温部分传至低温部分,或由高温物体传给低温物体的过程。在固体中,热传导的微观过程:在高温部分晶体中结点上的微粒振动动能较大,在低温部分微粒振动动能较小;因微粒的振动互相作用,所以在晶体内部热能由动能大的部分向动能小的部分传导。固体中热的传导,实质上就是能量的迁移。

在导体中,因大量的自由电子在不停地作无规则的热运动,一般晶格振动的能量较小,自由电子在金属晶体中对热的传导起主要作用,所以一般的电导体也是热的良导体。在液体中热传导表现为:液体分子在温度高的区域热运动比较强,由于液体分子之间存在着相互作用,热运动的能量将逐渐向周围层层传递,引起了热传导现象。液体的热传导系数小,传导得较慢,它与固体相似,因而不同于气体。气体分子之间的间距比较大,气体依靠分子的无规则热运动以及分子间的碰撞,在气体内部发生能量迁移,从而形成宏观上的热量传递。

测量导热系数的方法一般分为两类:稳态法和动态法。在稳态法中,先利用热源在待测样品内部形成一个稳定的温度分布,然后进行测量。

应用稳态热流法测定某种材料导热系数的原理是根据傅里叶热传导定律,其数学方程:

$$\frac{dQ}{dt} = -\lambda k \frac{dT}{dz} dS \qquad (11-1)$$

式中:$\frac{dQ}{dt}$为传热速率;$\frac{dT}{dz}$为与面积 dS 相垂直方向上的温度梯度;负号表示热量从高温处传到低温处;λ 为导热系;k 为仪表常数。

如待测平板材料厚度为 h、截面积为 S,上、下表面的温度分别为 T_1、T_2($T_1 > T_2$),并达到稳态导热。这时傅里叶方程可写为

$$\frac{dQ}{dt} = \lambda k \frac{T_1 - T_2}{h} S$$

$$\lambda = \frac{h}{Sk(T_1 - T_2)} \frac{dQ}{dt} \qquad (11-2)$$

式中:$\frac{dQ}{dt}$为待测材料的传热速率。

在稳定导热原理的基础上,本实验原理如图 11-1 所示,在稳定状态下单向热流垂直流过试样,通过测量试样上下表面的温度、有效传热面积和厚度即可计算试样的导热系数。

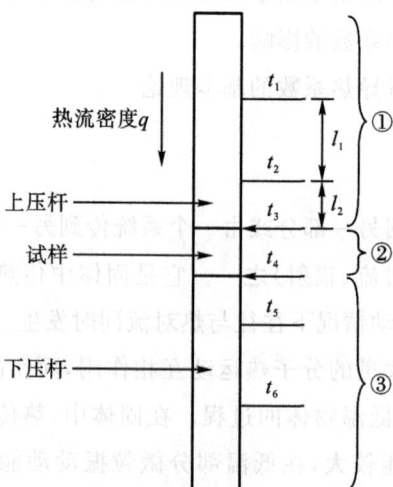

图 11-1 热流法测量导热系数原理图

由式(11-1)可知:

$$q = \frac{\mathrm{d}Q}{\mathrm{d}t}\frac{1}{S} \quad 即 \quad q = \lambda k\frac{\Delta T}{d}$$

式中:d 为试样的厚度,m。

而图中①、②、③部分热流密度分别为 q_1、q_2、q_3,则

$$\begin{cases} q_1 = \dfrac{t_1 - t_2}{l_1}\lambda_{Cu} = \dfrac{t_2 - t_3}{l_2}\lambda_{Cu} \\[2mm] q_2 = \dfrac{t_3 - t_4}{d}\lambda \\[2mm] q_3 = \dfrac{t_4 - t_5}{l_2}\lambda_{Cu} = \dfrac{t_5 - t_6}{l_1}\lambda_{Cu} \end{cases}$$

式中:λ_{Cu} 为压杆的导热系数;l_1 为热电偶 1 和 2 的距离,m;l_2 为热电偶 2 和上热端面的距离,m;t_1,t_2 为热电偶 1 和 2 的温度,K;t_3,t_4 为试样上下表面的温度,K;t_5,t_6 为热电偶 5 和 6 的温度,K。

从上面的公式进行推导:

$$t_1 - t_2 = \frac{q_1 l_1}{\lambda_{Cu}}$$

$$t_2 - t_3 = \frac{q_1 l_2}{\lambda_{Cu}} = \frac{t_1 - t_2}{l_1}l_2$$

$$t_4 - t_5 = \frac{q_3 l_2}{\lambda_{Cu}} = \frac{t_5 - t_6}{l_1}l_2$$

$$t_5 - t_6 = \frac{q_3 l_1}{\lambda_{Cu}}$$

由于

$$t_3 - t_4 = t_3 - t_2 + t_5 - t_4 + t_2 - t_5$$

则

$$t_3 - t_4 = -\frac{t_1 - t_2}{l_1}l_2 - \frac{t_5 - t_6}{l_1}l_2 + t_2 - t_5$$

由于热平衡,各部分热流量都相等,可得出

$$\lambda_{Cu}\frac{t_1 - t_2}{l_1}A_{Cu} = \lambda\frac{\Delta T}{d}A_s$$

式中:A_{Cu} 为压杆的截面积,m²;A_s 为试样的截面积,m²。则

$$\lambda = \frac{A_{Cu}}{A_s}\frac{t_1 - t_2}{\Delta T l_1}\lambda_{Cu}d = \frac{A_{Cu}}{A_s}\frac{R}{C}$$

其中

$$R = (t_1 - t_2)\lambda_{Cu}d$$

$$C = \Delta T l_1 = l_1(t_2 - t_5) + l_2(t_2 - t_1 + t_6 - t_5)$$

由此可知,只需测量出 l_1、l_2、t_1、t_2、t_5、t_6 即可。

三、实验仪器

根据稳态导热原理建立的导热系数试验装置是由控制电脑、上压杆、下压杆、加热器、抽真空装置、水冷却装置和测温仪表组成的：

1）控制电脑：负责试验数据的检测，试验控制和试验数据的计算。

2）上压杆，下压杆：由导热良好的纯铜棒组成，上压杆上端连接加热器，下端压紧试样；下压杆上端顶住试样，下端连接水冷却装置。

3）加热器：直接固定在上压杆上端，通过高温电阻丝对上压杆加热到设定温度，并保持温度恒定。

4）抽真空装置：负责对容器抽真空，使试验在真空环境下进行，确保精度。

5）水冷却装置：使下压杆的下端温度稳定。

6）测温仪表：由五块温度表和五支热电偶组成。其中四个检测上压杆、下压杆的温度，一个检测加热器温度。

四、实验内容

1）首先测量试件厚度，试件两面涂上导热油，再将试件放置在上压杆、下压杆之间进行合轴装配，使上压杆压在试件上。然后将密封罩盖好，旋紧固定螺丝，打开电源开关，关闭仪器侧面的进气阀门（手柄为垂直方向），开启抽真空阀门（手柄为水平方向），启动真空泵对系统抽真空，接通冷却水。当达到真空状态后，可关闭抽真空阀门，然后停止真空泵工作。

2）打开电脑程序，进入通信测试界面，点击"测试"，检查电脑显示数据和仪表是否一致，然后点击"停止测试"和"确定"，进入试验界面，如试件为非金属材料，选择"小量程系数"；如试件为金属材料，选择"大量程系数"。点击"修改"，然后输入试件的厚度和面积，如试件面积大于压杆面积，取为压杆面积。测试时间间隔取 10 s。点击"确认设置"，然后进入"温度设置"：点击"修改设置"，在"温度设定"栏输入温度值，升温速率栏输入每分钟升温速度。点击"确认设置"，当电脑显示"已设置好温度"时，可打开电炉开关，点击"升温启动"。当电炉升温达到设定温度稳定一段时间且上、下压杆四个温度表的温度全部稳定不变后，即可点击"开始试验"，自动测试 3 次，取其平均值即为材料的导热系数。点击"结果分析"，输入试件名称，编号，即可保存结果。

3）系统标定：将已知导热系数为 λ 的标样，按上述方法进行测试。当电脑显示结果为 λ_1 后，点击"校正"，进入标定界面，输入标样的导热系数值，点击"校正""应用"，然后退出，按住"Ctrl"，在空白处点击，进入参数调整界面，点击"保存""隐藏"。如果测试时选择"小量程系数"，标定的就是"小量程系数"。如此时温度稳定，可点击"开始试验"，测试完后，检查结果是否和标定值相同。

五、思考题

1）影响材料导热系数测定的因素有哪些？

2）从微观结构上分析被测样品导热系数不同的原因。

实验十二　材料膨胀系数的测定

物体的体积和长度随温度的升高而增大的现象为热膨胀。热膨胀系数是材料的主要物理性质之一,它是衡量材料的热稳定性好坏的一个重要指标。一般情况下,降低材料的热膨胀系数,就会提高材料的热稳定性,也就会延长材料的使用寿命。

人类很早(18 世纪)就测定了固体的热膨胀。当时的测定装置很原始:水平放置约 15 cm 长的试样,下面点燃几支蜡烛加热,通过齿轮机构放大来确定试样长度的变化。19 世纪到现在,人们创造了许多测定方法。20 世纪 60 年代出现了激光法和用计算机控制或记录处理测定数据的测量仪器。测定材料热膨胀系数常用千分表法、热机械法(光学法、电磁感应法)、体积法等,它们的共同点都是试样在加热炉中受热膨胀,通过顶杆将膨胀传递到检测系统,不同之处在于检测系统。

一、实验目的

1)掌握测定材料膨胀系数的原理和方法。
2)利用材料的热膨胀曲线确定材料的特征温度。
3)学会使用热膨胀仪器。

二、实验原理

热膨胀是指样品在加热过程中长度发生变化。其表示方法一般分为线膨胀率和线膨胀系数两类。测定时,以一定的升温速率加热试样到指定的测试温度,测定试样随温度变化而发生的伸长量。

线膨胀率是指由室温至试验温度间,样品长度的相对变化率。线膨胀系数是指由室温至试验温度间,每升高 1 ℃,样品长度的相对变化率。材料的热膨胀可用以下各式来表示:

两温度间平均线膨胀系数(单位为℃$^{-1}$):

$$\alpha = \frac{L_1 - L_0}{L_0(T_1 - T_0)}$$

两温度间线膨胀率:

$$p = \frac{L_1 - L_0}{L_0} \times 100\%$$

式中:T_0 为最初温度;T_1 为加热的最终温度;L_0 为 T_0 时试样的长度;L_1 为加热至 T_1 时试样的长度。

在一定的温度范围内,大多数材料的热膨胀都是均匀变化的。只有当样品内有晶态转变时才有例外。

三、实验仪器

实验仪器为 PCY-Ⅲ型全自动热膨胀仪,仪器由加载传感器装置、电炉、小车、基座、电器控制箱五部分组成,见图 12-1。

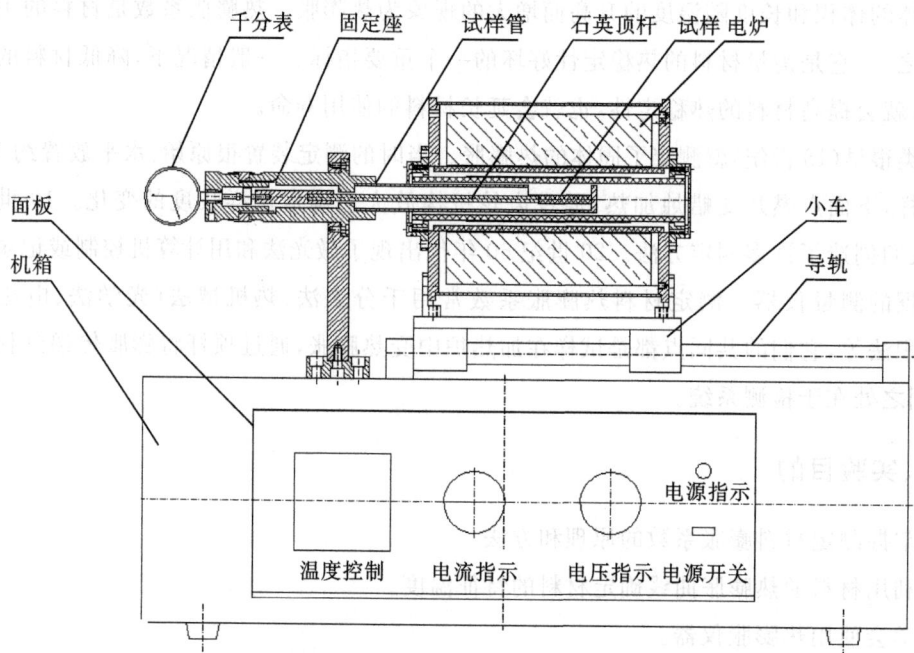

图 12-1　热膨胀仪原理示意图

电炉升温后炉膛内的试样发生膨胀,顶在试样端部的测试杆产生与之等量的膨胀量(如果不计系统的热变形量),这一膨胀量可由数字千分表精确测量出来。

为消除系统热变形量对测试结果的影响,在计算中需加上相应的补偿值才能得到试样的真实膨胀值,补偿值由电脑自动标定。

1)加载传感装置中的测试杆一端顶着试样,一端连着数字千分表。试样的另一端顶在固定的试样管前挡板上。因而试样在此端的自由度被限制了,所以试样的膨胀将引起数字千分表位移。另外,设有加载装置,加载值由弹簧确定。

2)试样装在试样管中固定不动,进出炉膛靠移动炉膛来实现。这样避免了试样受到振动,电炉膛装在小车上,小车可在基座导轨上移动。

3)电气部分:电炉采用电阻炉,炉温测定采用相应的热电偶及温控仪。

四、实验内容

1)试样尺寸:

圆柱体 $\phi(6\sim10)$ mm×50 mm;

方形体 $(6\sim10)$ mm×$(6\sim10)$ mm×50 mm。

2)试样制备：

(1)型壳材料试样：用专用模具压制蜡模，按型壳工艺涂挂试样，脱蜡后在350～400℃烧烤保温1 h，去除残余模料，随炉冷却，试样如果需要进行焙烧，可免去烘烤。

(2)陶芯材料试样：用专用模具压制陶芯，按陶芯制备工艺烧制试样（300 ℃保温2 h，500 ℃保温1 h，900 ℃保温1 h，最后升温至1150 ℃保温2 h，然后随炉冷却）。

3)试样制好后，先干燥冷却后，测量长度，精确到0.1 mm。打开膨胀仪的电源开关和千分表数据转换器开关。千分表先清零，如千分表被锁定，应解除锁定。

4)将试样慢慢放入石英试样管内的垫片上，使试样与顶杆保持为直线，然后查看千分表的预压读数，是否为2～3 mm，如不是，松开千分表固定螺丝，前后移动千分表，满足要求后，再固定螺丝并清零。然后将电炉慢慢推入试样管中，电阻炉端面至导轨端面距离为20 mm，用定位螺丝定位。这样就能保证试样处于炉膛均温区。

5)打开电脑，双击"材料膨胀系数测试系统"图标，进入通信设置，查看设置温度和位移的串行口端口号，温度串行口端口号为"1"，位移的串行口端口号为USB－232串口的端口号，确认温度和位移的通信协议（9600,e,7,1.9600,n,8,1）、温度地址（0055）全部正常后，点击"测试"，查看电脑上显示数据是否和仪表一致。最后点击"确定"，进入试验主界面。

6)在试验主界面先设置温控表参数：点击"仪表参数"，进入仪表升温参数设置界面，先点击温度表参数设置，再点击"PAR编程"，这时下窗口显示温度设置各种参数。双击"曲线程序循环次数LC"，输入数字"1"，按回车键确认。双击"斜坡1斜率值r_1"，输入第一段升温速度值（5～8 ℃/min），按回车键确认。双击"平台1设定值"，输入第一段温度值（试验温度值），按回车键确认。双击"平台1运行时间"，输入第一段温度值的保温时间（1 min），按回车键确认。设置完后，点击"退出温度设定"，再点击"退出系统试验"，即可返回操作主界面。

7)热膨胀系数测试：在操作主界面点击"热膨胀系数"，进入常规热膨胀系数测试界面，输入试样长度、设定温度值（40 ℃）、温度打印间隔（10 ℃），在坐标栏输入温度、线变量、线膨胀系数、膨胀率坐标值，注意：上述坐标值是估计值，可偏大，当试验结束后，点击"重绘曲线"后，再修改。点击"绘制坐标轴"，电脑显示坐标图；然后点击"试验开始"，电炉开始自动升温；电脑自动显示各温度下的测试数据。如果温度没有同步（误差10 ℃以上），可先点击"停止升温"，然后再点击"启动升温"。到达设定温度后，先点击"试验结束"，然后点击"重绘曲线"，这时，如曲线形状不理想，可修改坐标栏中的参数值后，再点击"重绘曲线"。如曲线形状理想，点击"输出Excel"，进入Excel界面，即可保存，打印数据和曲线。

8)系统补偿值标定：用石英标样（膨胀系数值为0.55），先量好标样长度，按前面试验方法放好标样。千分表清零，室温下将炉膛推入，设置好升温参数后，在操作主界面点击"系统补偿值"，进入系统补偿值标定界面。输入标样长度，在坐标栏输入温度、线变量的坐标值（－100,100），点击"绘制坐标轴"，然后点击"试验开始"，电炉开始自动升温。电脑自动显示各温度下的测试数据，到达设定温度后，点击"试验结束"，再点击"结果分析"，电脑自动进入系统补偿值计算。接着点击"数据处理""数据保存"，在测试界面，点击"查看补偿值"，将0～

30 ℃的补偿值人工修改为"0"即可。系统补偿值标定好后，不必再次标定。

9)膨胀系数计算方法：试样升温达到测试温度后，根据记录结果，按下式分别计算出试样加热至 t 时的线膨胀率(δ)和平均线膨胀系数(α)：

$$\delta = \frac{\Delta L_t - K_t}{L} \times 100\%$$

$$\alpha = \frac{\Delta L_t - K_t}{L(T - T_0)}$$

式中：L 为试样室温时的长度，mm；ΔL_t 为试样加热至 t 时测得的线变量值，mm，ΔL_t 数值正负表示试样的膨胀与负膨胀(收缩)；K_t 为测试系统 t 时的补偿值，mm；T 为试样加热量温度，℃；T_0 为试样加热前的室温，℃。

仪器的补偿值 K_t 需要用户自己预先测定和计算。求补偿值 K_t 方法是：1000 ℃以下用石英标样，进行升温测试，仪表中数值包含了标样、试样管及测试杆的综合膨胀值。而补偿值 K_t 只是试样管及测试杆在相应温度下的综合膨胀值，所以将标样在相应温度下的膨胀值从膨胀量中扣除后，剩下的膨胀量即为仪器在相应温度下的补偿值 K_t。而标样的膨胀系数已知，则 K_t 可用下列公式求出，即已知 $\alpha_{标}$、$L_{t标}$、$L_{标}$、T、T_0 则：

$$K_t = \Delta L_{t标} - \alpha_{标} L_{标}(T - T_0)$$

式中：石英标样的膨胀系数 $\alpha_{标}$ 取样平均值为 0.55×10^{-6}/℃。

四、思考题

1)测定材料线膨胀系数的意义是什么？

2)试分析实验中影响测定结果的因素。

3)测定材料膨胀系数的原理是什么？

实验十三　金属材料相变温度的测定

19 世纪,随着冶金技术的初步发展,人们开始注意到金属在不同温度下会出现一些性质的变化,如硬度、颜色等,但对其内在机制了解甚少。英国科学家法拉第在研究金属的物理性质时,观察到金属在加热和冷却过程中可能会发生一些未知的结构变化,这可以看作是对金属相变现象的早期观察。

进入 20 世纪,量子力学和晶体学的发展为金属相变的研究提供了理论基础。科学家们开始从原子和晶体结构的层面理解金属的相变过程。例如,通过 X 射线衍射技术,人们发现金属的晶体结构在不同温度下会发生改变,从而揭示了相变与晶体结构变化之间的关系。德国物理学家劳厄发现了晶体的 X 射线衍射现象,为研究金属相变的晶体结构变化提供了关键手段,开启了金属相变微观研究的大门。

20 世纪中叶以后,随着计算机技术的兴起,分子动力学模拟、量子力学计算等理论方法被广泛应用于金属相变研究。科学家们能够更加深入地研究金属在相变过程中的原子运动、能量变化等微观机制。同时,实验技术也不断创新,如高分辨率电子显微镜、同步辐射技术等,使得人们能够直接观察到金属在相变过程中的原子尺度结构变化,进一步推动了对金属相变温度及相关机制的认识。

一、实验目的

1)掌握热膨胀法测相变点的原理和方法。

2)通过实验验证相变体积效应突变。

3)用膨胀仪测定 45 钢 A_{c1}、A_{c3}、A_{r1}、A_{r3} 点的膨胀系数。

二、实验原理

金属相变是指金属在一定的条件下,其晶体结构、化学成分或物理性能发生突变的过程,主要包括热力学机理和动力学机理,具体如下。

1.热力学机理

1)自由能变化:金属相变的驱动力源于系统自由能的降低。根据热力学原理,在一定温度、压力等条件下,金属系统会趋向于达到自由能最低的状态。以铁碳合金中的奥氏体向马氏体转变为例,在冷却过程中,当温度降低到马氏体转变开始温度(M_s)以下时,马氏体相的自由能低于奥氏体相,系统有向马氏体相转变以降低自由能的趋势。

2)相平衡与相变条件:金属相变通常发生在相平衡条件被打破时。相图可以用来描述金属在不同温度、成分等条件下的相平衡关系。当金属的温度、压力或成分等参数发生变化,使其偏离原来的相平衡状态时,就可能引发相变。例如,在二元合金相图中,当合金成分一定时,温度的变化可能使合金从一个相区进入另一个相区,从而发生相变。

2. 动力学机理

新相的形成过程包括形核和长大。

1)形核:分为均匀形核和非均匀形核两种形式。

(1)均匀形核:在均匀的母相中,由于原子的热运动,会偶然出现一些尺寸较大的原子团簇,当这些团簇的尺寸达到一定的临界值,且温度等条件合适时,就可能成为新相的晶核,这就是均匀形核。形核过程需要克服一定的能量障碍,称为形核功。例如,在液态金属凝固过程中,当温度降低到熔点以下时,液体中会出现一些微小的固态晶核。

(2)非均匀形核:实际金属中通常存在杂质、缺陷等,新相往往优先在这些部位形核,这就是非均匀形核。杂质或缺陷可以降低形核的能量障碍,使形核更容易发生。例如,在钢的凝固过程中,钢液中的夹杂物等可以作为非均匀形核的核心,促进凝固过程。

2)长大:分为扩散和无扩散两种形式。

(1)扩散机制:对于一些扩散型相变,如珠光体转变,原子需要通过扩散来实现相的转变和新相的长大。在奥氏体向珠光体转变时,碳原子需要在铁原子的晶格中进行扩散,以形成渗碳体和铁素体相。温度对扩散速度有重要影响,温度越高,原子扩散速度越快,新相长大速度也越快。

(2)无扩散机制:在一些非扩散型相变中,如马氏体转变,原子不发生扩散,而是通过切变的方式进行晶格改组,实现新相的长大。马氏体转变时,母相奥氏体的晶格通过切变迅速转变为马氏体的晶格,转变速度极快,通常在瞬间完成。

金属相变的机理还与晶体结构、原子间作用力、合金元素等多种因素密切相关。不同的金属和合金在相变过程中可能会表现出不同的特点和行为。

本实验用热膨胀仪来测量金属的相变温度。当金属加热或冷却时,将出现体积或长度的膨胀和收缩。如下式所示:

$$\alpha = (L_2 - L_1)/[L_1(T_2 - T_1)]$$

式中:α 为平均线膨胀系数;L_2 为温度 T_2 时试样的长度;L_1 为温度 T_1 时试样的长度。

某一温度下的线膨胀系数为 $\alpha = \mathrm{d}l/(L\mathrm{d}T)$。通常 α 随温度变化不大,即使有变化,也是均匀连续变化。因不同的相,膨胀系数不一样,如果金属发生相变,出现相变体积效应导致膨胀系数差越大,α 变化则越明显。

当温度均匀升高时,长度连续变化,到达相变温度。除正常热膨胀外,还将因相变出现长度或体积突变,因此,利用长度或体积突变反映出相变对应温度。45 钢在室温下的组织主要是珠光体(铁素体和渗碳体的混合物)。铁素体是体心立方晶格,致密度相对较低;渗碳体是复杂的正交晶格。当加热到奥氏体化温度时,转变为奥氏体,奥氏体是面心立方晶格,其原子排列更加紧密,致密度较高。从体心立方晶格的铁素体和复杂结构的渗碳体转变为面心立方晶格的奥氏体,原子间的排列方式发生了变化,原子间距减小,从而导致体积收缩。

在珠光体组织中,碳主要以渗碳体(Fe_3C)的形式存在,或者固溶在铁素体中。当转变为奥氏体时,碳在奥氏体中的溶解度比在铁素体中高得多。在奥氏体形成过程中,大量的碳溶入奥氏体晶格,进而引起体积收缩。

此外,加热时热膨胀会使材料整体有体积增大的趋势,但在相变过程中,晶体结构变化和碳的溶解等因素对体积变化的影响占主导,所以总体表现为体积收缩。

如图 13-1 所示,当温度升高至 A_{c1} 时,奥氏体转变产生的收缩小于温度升高导致的膨胀,总的效应则是膨胀。亚共析钢加热至 A_{c1} 时发生珠光体向奥氏体转变,温度继续升高,即 $A_{c1} \sim A_{c3}$ 将出现铁素体向奥氏体转变,直至 A_{c3} 点。全部转变完成,温度继续升高,膨胀曲线所示为奥氏体体积膨胀。因奥氏体膨胀系数比其他组织系数大,故斜率较大。

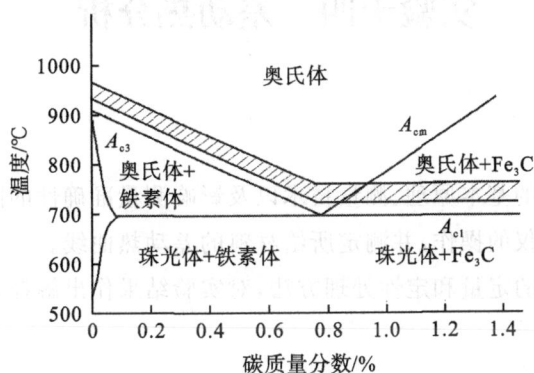

图 13-1 共析钢相图

三、实验材料与设备

1)PCY-Ⅲ型热膨胀仪(仪器原理见实验十二)。

2)圆柱形 45 钢。

四、实验内容

实验内容同实验十二中实验内容 4)、5)、6)、7)、8)。

注意:本实验要控制升温速度,实验温度范围为室温至 900 ℃。在 600 ℃ 以前可以 10~20 ℃/min 快速升温,600~900 ℃ 以 3~5 ℃/min 速度升温。

五、实验报告要求

1)将实验记录按照温度-长度变化描图求出相变点温度。

2)用金属膨胀性能分析说明实验结果。

第三部分　材料分析实验

实验十四　差动热分析

一、实验目的

1)掌握差动热分析的基本原理、测量技术以及影响测量准确性的因素。

2)学会差动热分析仪的操作,并测定所给材料的差动热曲线。

3)掌握差动热曲线的定量和定性处理方法,对实验结果作出解释。

二、实验原理

1.差示扫描量热法原理

差示扫描量热法(differential scanning calorimetry,DSC)是在程序控制温度下,测量试样与参比物(一种在测量温度范围内不发生任何热效应的物质)之间的温度差与温度关系的一种技术。

许多物质在加热或冷却过程中会发生熔化、凝固、晶型转变、分解、化合、吸附、脱附等物理化学变化。这些变化必将伴随体系焓的改变,因而产生热效应。其表现为该物质与外界环境之间有温度差。选择一种热稳定的物质作为参比物,将其与样品一起置于可按设定速率升温的电炉中。当试样在加热过程中由于热反应而出现温差 ΔT 时,通过差热放大电路和差动功率放大器使流入补偿加热丝的电流发生变化。例如,当试样吸热时,补偿放大器使试样一边的电流 I_s 立即增大;反之,在试样放热时则使参比物一边的电流 I_r 增大;直至两边热量平衡,温差 ΔT 消失。换言之,试样在热反应时发生的热量变化,由于及时输入电功率而得到补偿。所以只要记录电功率的大小,就可以知道吸收(或放出)多少热量。通过仪器记录补偿功率随时间 t 变化的曲线,即为差动热分析图谱。

差动热曲线中峰的数目、位置、方向、高度、宽度和面积等均具有一定的意义。例如,峰的数目表示在测温范围内试样发生变化的次数;峰的位置对应于试样发生变化的温度;峰的方向则指示变化是吸热还是放热。如图 14－1 所示,向上的峰表示放热,向下的峰表示吸热,峰的面积表示热效应的大小,等等。因此,根据差动热曲线的情况就可以对试样进行具体分析,得出有关信息。

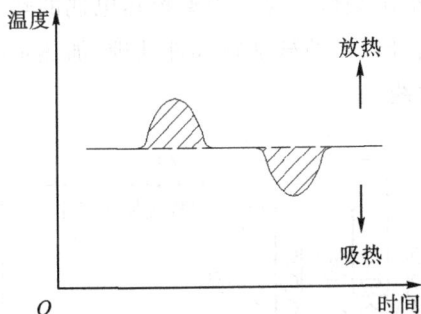

图 14-1 DSC 曲线

在峰面积的测量中,峰前后基线在一条直线上时,可以按照三角形的方法求面积。但是更多的时候,基线并不一定和时间轴平行,峰前后的基线也不一定在同一直线上。此时可以按照作切线的方法确定峰的起点、终点和峰面积。

2. 差动热分析影响因素

差动热分析是一种动态分析技术,影响差动热分析结果的因素较多,主要有以下几种:

1)升温速率:升温速率对差热曲线有重大影响,常常影响峰的形状、分辨率和峰所对应的温度值。例如,当升温速率较低时,基线漂移较小,分辨率较高,可分辨距离很近的峰,但测定时间相对较长;而升温速率高时,基线漂移严重,分辨率较低,但测试时间较短。

2)试样:样品的颗粒一般在 200 目左右,用量则与热效应和峰间距有关。样品粒度的大小、用量的多少都对分析有很大的影响,甚至连装样的均匀性也会影响实验的结果。

3)稀释剂的影响:稀释剂是指在试样中加入一种与试样不发生任何反应的惰性物质,常常是参比物质。稀释剂的加入使样品与参比物的热容相近,有助于改善基线的稳定性,提高检出灵敏度,但同时也会降低峰的面积。

4)气氛与压力:许多测定受加热炉中气氛及压力的影响较大,如 $CaC_2O_4 \cdot H_2O$ 在氮气和空气气氛下分解时曲线是不同的。在氮气气氛下 $CaC_2O_4 \cdot H_2O$ 第二步热分解时会分解出 CO 气体,产生吸热峰,而在空气气氛下热分解时放出的 CO 会被氧化,同时放出热量呈现放热峰。

除了以上因素外,差动热量程等均对差动热曲线有一定的影响。因此在运用差动热分析方法研究体系时,必须认真查阅文献,找出合适的实验条件方可进行测试。

三、实验仪器

CDR-4P 差示扫描量热仪主要由加热炉、热分析主机、计算机及激光打印机组成。测量结果由计算机数据处理系统进行处理。

1. 温度控制系统

该系统由程序温度控制系统、可控硅加热部件、温控热电偶及加热炉组成(见图 14-2)。

计算机根据设定的程序温度给出毫伏信号。当温控热电偶的热电势与该毫伏值有偏差时，说明炉温偏离给定值，偏差信号经可控硅加热部件处理、加热炉功率调整，使炉温很好地跟踪设定值，产生理想的温度曲线。

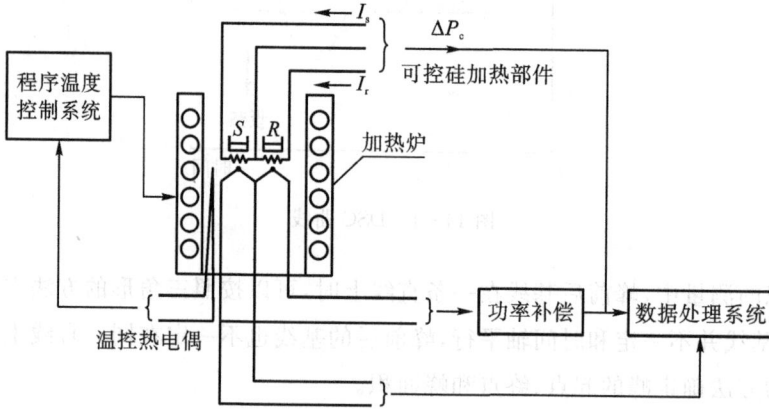

图 14 - 2　仪器工作原理图

2. DSC 信号测试系统（功率补偿）

差示扫描量热仪（DSC）的原理是利用装置在试样和参比物容器下的两组功率补偿加热丝，I_s 和 I_r 分别为其加热电流（见图 14 - 2）。

差动热分析与差热分析相比，突出的优点是在试样发生热效应时，后者试样的实际温度已不是程序升温时所控制的温度，而前者试样的热量变化由于随时得到补偿，试样与参比物的温度始终相等，避免了参比物与试样之间的热传递，故仪器的反应灵敏，分辨率高，重现性好。

3. 加热炉

电炉的底座设有通气管和冷却水管。通气管在试验时根据需要通入一定的气体。冷却水管在使用时要保证水流畅通，气管和水管的进口和出口不得接错，冷却水务必先通入样品杆座水冷圈，经橡皮管接入炉子水冷圈，而后排出，若冷却水进出口的方向接错，则会使冷端温度升高，影响测量精度。

4. 数据处理系统

数据处理系统由计算机、打印机以及数据处理系统软件组成，它具有实时采集差动热曲线、曲线显示、数据处理、绘图、列表、存储读入等功能。具体操作详见"微机数据处理系统操作说明"。

四、实验内容

1. 准备工作

1）计算机开机，然后打开热分析仪主机，主机各单元电源接通顺序如图 14 - 3 所示，开机顺序必须严格按照上述次序完成,主机电源接通后,请预热 20 min 左右。

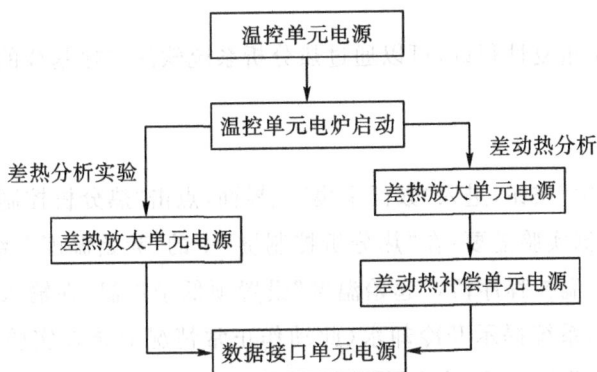

```
                    ┌─────────────────┐
                    │  温控单元电源    │
                    └────────┬────────┘
                             │
                    ┌────────▼────────┐
         ┌──────────┤ 温控单元电炉启动 ├──────────┐
         │          └─────────────────┘          │ 差动热分析
  差热分析实验                                    │
         │                              ┌─────────▼─────────┐
         │                              │  差热放大单元电源  │
  ┌──────▼──────┐                       └─────────┬─────────┘
  │ 差热放大单元电源 │                             │
  └──────┬──────┘                     ┌───────────▼───────────┐
         │                            │  差动热补偿单元电源    │
         │                            └───────────┬───────────┘
         │          ┌─────────────────┐           │
         └──────────┤ 数据接口单元电源 ├───────────┘
                    └─────────────────┘
```

图 14 - 3　主机箱开机次序图示

2)开启冷却水,检查橡皮管并使水流畅通。

3)用坩埚称好样品,并记录样品质量。转动加热炉手柄使炉体上升至顶部,然后将炉体向前方转出,使样品支架裸露,用镊子夹住装有样品的坩埚放在样品支架上,放好坩埚后将炉子复原。

4)保证热分析主机 USB 线与计算机 USB 口正常连接。运行热分析软件,软件操作详见"CDR - 4P 系统软件操作说明"。

2. 实验操作

1)样品测试。

按前述"准备工作"中 1)、2)、3)、4)步骤开机,运行热分析系统软件(操作详见后述软件操作说明)。进行"准备工作"1)步骤时,"差动热补偿单元"和"差热放大单元"的电源都要打开,同时将"差动热补偿单元"的"准备/工作"转至"工作"挡,"差热放大单元"的"方式"转至"DSC"挡。执行步骤 3)操作时,支架左侧放置装有被测样品的坩埚,右侧放置装有参比物 α - Al_2O_3 的坩埚,参比物与样品质量应大致相等。炉子温控程序段可以通过计算机热分析系统软件设定。程序段设好后,可以开始运行温控程序,并通过热分析系统软件采集处理数据。

2)差热基线调整。

理论上基线应始终是一条水平直线,但随着工作时间的增加,整个仪器各部件工作状况也会出现改变,导致升温基线发生漂移。在这种情况下,可以根据漂移的不同程度对升温基线进行调整。首先,按前述"准备工作"中 1)、2)、4)步骤开机,运行热分析系统软件(操作详见后述软件操作说明),差动量程选±5 mW,使炉子以 10 ℃/min 升温,观察差动热曲线,通过以下三种方法配合使用调整基线:

(1)在起始升温时基线出现较大偏移时,可调节炉子三个中心调节螺钉,使样品支架与炉体相对位置发生变化,使基线重新回归水平线。

(2)待炉温升到高温段(CDR - 4P 型约 500 ℃),通过旋动"斜率调整"开关来调整,当基线校正接近水平位置时,差动基线调整完毕。以后除非更换或拆卸样品支架和加热炉,否则不必再调整。

(3)如果炉子升温重复性很好,可以通过热分析系统软件扣除基线的方法获得水平采样基线。

3)分析软件操作。

(1)点击"数据采集"按钮,进入"数据采集"主界面,点击"热分析控制屏"的"炉温"字样,可查看实时炉温。根据实验需要,在"热分析控制屏"中的"起始温度""结束温度""速率/恒温(分)"框中输入实验温控程序段,"起始温度"设置须低于炉温,在输入第一段实验参数并按"输入正确"按钮后,系统提示开冷却水(此动作正常情况应该在实验前的准备工作时完成,软件在此仅是提示作用),按"确定"按钮。

(2)所有参数输入完毕,点击"参数设置"按钮,出现"正在发送温控参数,请稍候……"的提示框,温控参数发送完毕,出现"参数输入"对话框,在"实验参数输入"选项卡中可输入实验的样品名、气氛名、样品量、气氛流量、日期和操作者等信息,输入完这些参数点击"数据存储"选项卡,选择文件保存路径,并输入实验文件名,输入完毕按"确定"按钮。

(3)点击热分析控制屏上的"升温"键,将观察到主机"温控单元"机箱上的温控表的 SV 温度数值慢慢上升,设置好"采样始温",然后点击"4P 采样"项。

(4)采样开始后,可以将"实时显示屏"最大化。

(5)实验完毕,按菜单栏"中断采样"菜单,如果出现"采样结束"提示,按"确定"按钮。点击菜单栏"数据储存"项,进行数据存储。按"停升"键,确定给定温度值为"0"。

4)气氛控制单元。

气体从钢瓶经减压阀至炉体气氛进口接头,调节减压阀输出压力表为 $2.5~kg/cm^3$;调节稳压阀使压力表读数为 $2~kg/cm^3$,气体流量调至 $10\sim90~mL/min$ 内任一点。另取一端装有接头螺母聚乙稀管,连接气氛出口可将实验废气排至室外。

5)实验结束。

每次实验结束,如果还要进行其他差动热分析实验,可继续按上述"样品测试"步骤,不需要再执行"准备工作"中 1)、2)、4)的操作;如果全部实验结束,先退出热分析系统软件,关闭除"温控单元"外的所有电源,然后按下"电炉停止"键,等到温控仪显示的温度低于 80 ℃,可以关闭"温控单元"电源,并关闭冷却水。

五、实验数据处理

打开热分析系统软件,进行相关实验数据分析。

六、思考题

1)影响本实验差动热分析的主要因素有哪些?

2)为什么差动热峰的指示温度往往不等于物质发生相变的温度?

3)分析实验结果。

七、注意事项

1)在打开加热炉时,若设定的温度和实际的温度相差 100 ℃左右,表明炉子没有升温,此时先更换保险丝。如果仍然跟不上,那么加热炉很可能坏了。

2)称量时坩埚一定要保证干净,否则不仅影响导热,而且坩埚残余物在受热过程中也会发生物理化学变化,影响实验结果的精确性。

3)样品用量一定要适度,本实验只需 15 mg 左右。

4)坩埚要轻拿轻放,一定要小心,取放坩埚时,一定要将样品托板移过来,以免异物掉入炉内。

实验十五　材料的热失重分析

材料的热失重性能可以反映材料中物理与化学性能的变化,特别是在工业飞速发展的今天,显得尤其重要。材料的热失重与材料中化学反应的变化将为材料的设计和组织的变化提供依据,可以加深我们对材料性能和组织关系的理解和应用。

一、实验目的

1)掌握热重法的原理和应用。

2)测定所给样品的 TG、DTG 和 T 曲线。

二、实验原理

当物质被加热时,随着温度的增高,物质内部在某一特定温度下产生物理变化和化学性质变化(如分解、氧化等)时,常常伴随着物质质量的变化。热重分析的原理就是将被加热试样的质量(或重量)变换成电流,电流大小代表质量的大小。

本实验中测量样品质量(或重量)的仪器是微量热天平,其主要由天平测量系统、微分系统和温度控制系统组成,辅之以气氛和冷却风扇,测量结果由计算机数据处理系统处理,微量热天平工作原理如图 15-1 所示。

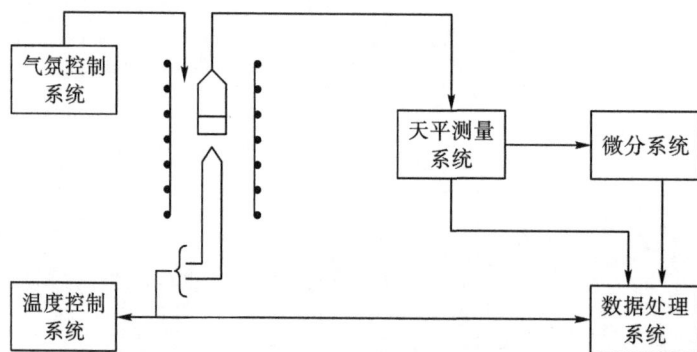

图 15-1　微量热天平工作原理

当天平左边称盘中加入试样时,天平横梁连同线圈和遮光小旗发生逆时针转动,这时,通过光电转换等输出一电流,电流在磁场下,受力而产生一个顺时针的转动,只有当试样质量产生的力矩和线圈产生的力矩相等时,才达到平衡。此时,试样质量正比于电流值(或电压值),该值经放大后,通过接口单元送入计算机处理。试样质量 m 在升温过程中不断变化,就得到热重曲线 TG,如图 15-2 所示。

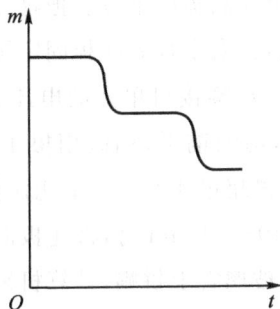

图 15-2　热重曲线

微分系统的作用是对热重曲线 TG 进行一次微分运算,得到热重微分曲线 DTG。微分曲线的峰顶点就是试样质量变化速率的最大值,如图 15-3 所示,该点所对应的温度,就是试样失重速率最大点的温度。

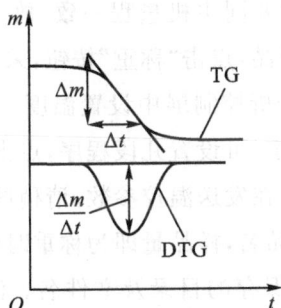

图 15-3　TG 和 DTG 曲线

温度控制系统由程序温度控制单元、控温热电偶及加热炉组成。程序温度控制单元可编程序模拟复杂的温度曲线,给出毫伏信号。当控温热电偶的热电势与该毫伏值有偏差时,说明炉温偏离定值,由偏差信号调整加热炉功率,使炉温很好地跟踪设定值,产生理想的温度曲线。

数据处理系统由接口放大单元、A/D 转换卡、计算机、打印机及系统软件组成。接口单元将 T、TG、DTG 信号变换成与 A/D 转换卡匹配的模拟量,经 A/D 转换成数字量,被计算机采集。采集到的数据曲线,由软件进行各种处理,结果可由屏幕显示或打印机打印。

三、实验仪器

WRT-3P 微量热天平由加热炉、温控单元、天平单元、天平放大单元、气氛单元、数据接口单元组成。测量结果由计算机数据处理系统进行处理。

1)打开各单元电源后,预热 30 min。仪器各单元在开机时必须最先打开"温控单元",同时按下电炉"开"按钮,最后打开"数据接口单元"的电源开关。而在关机时其操作顺序正好相反,即最先关闭"数据接口单元",最后关闭"温控单元"。

2)取放样品:先把微分单元量程放置"⊥"挡。放样品时,先将炉子下降至导杆的底部,拧松托板固定螺钉,将样品盘托移至样品盘的下方。把盘托放在托板上,然后将托板向上移动,并微托样品盘,左手托住样品托板,右手拧紧托板固定螺钉,将经清洗烘干的坩埚放入样品盘内,用电减码平衡坩埚的质量。观察接口单元的电压表值,显示选择开关放在 TG 挡。取出坩埚,将被测样品放入坩埚内,均匀铺平,用医用摄子,夹住坩埚,轻轻放入样品盘内。注意观察接口单元 TG 挡电压值不得超过 4 V。左手托住托板,右手拧松托板螺钉,将托架向下移动,当盘托脱离样品盘约为 10～20 mm 时,将托板向右转动,停于主机中心或偏右的位置,将炉子上升(方法同前),拧紧玻璃管上拼帽,计算机采样得到试样质量(重量),升温试验结束后按上述方法取出样品。

3)引用软件操作:此软件在 Windows XP 下运行,双击 WRT - 3P 图标,即可见到软件操作界面,操作界面下有"数据采集""数据处理""关机"三个按钮。点击"数据采集"按钮,进入数据采集界面。数据采集界面又分成了三个小的界面:热分析控制屏、实时显示屏和量程选择。实验开始前,首先要对天平"调零"。

量程选择中 TG 的量程和倍率要同主机量程一致,放入空坩埚,然后按"调零"按钮,等调零去皮完毕,取下空坩埚,放入样品,点击"称重"按钮,采样显示屏显示样品质量。

调零、称重操作完成后,在热分析控制屏中设置温度。分别在起始温度、结束温度和速率/恒温(分)中输入试验需要的数字,可设置几段程序,点击"输入正确"按钮。

点击"参数设置"按钮,提示"正在发送温控参数,请稍候……",然后,出现"参数设置"对话框。"实验参数输入"中,输入样品名,样品量即为称重时的 TG 值,不可为 0。将鼠标移到"数据存储"字样处单击,输入将要保存的目录及文件名。注意:文件名只输入字母及数字,并且请不超过 8 个字符。如必须输入汉字,不超过 4 个汉字。

将鼠标移到"炉温"字样处单击,可显示出当前的炉温及给定的设置温度,给定设置的温度要低于炉温。选定右边"升温",炉子在程序控制下开始升温(选定"停止"字样,则炉子在程序控制下停止升温,选定"暂停",则炉子在程序控制下暂停升温)。在"采样始温"中输入想要开始采样的温度,点击主菜单中的"采样",当温度达到设定的采样始温时,软件开始采样。注意:在采样过程中严禁关闭"数据接口单元"电源。

实时显示屏可以最大化、全屏显示采样曲线。采样过程中,用户若对采样数据不满意,可选择主菜单"暂停采样"。

得到所需的全部实验数据后,点击主菜单"中断采样",出现提示对话框,再点击主菜单"文件储存",出现提示对话框,实验完成,在热分析控制屏中停止升温。

单击主菜单"返回"进入操作界面。点击"数据处理"按钮,打开数据处理的操作界面。在数据处理窗口有一个主菜单条,该主菜单条包括"文件""选项""平滑""显示""处理""报告""曲线类型""返回"。主菜单条的下方和窗口的底部为状态条,状态条里显示系统的有关信息。按钮功能顺序为(从左到右):"打开""量程""平移""设置""起点""终点""计算""屏幕报告""打印设置""打印""结果保存""结果查询""结果清除"。

四、实验内容

将草酸钙材料的粉末升温至900℃,采集器显示100～900℃温度段的TG-DTG曲线,并于TG曲线上标明各台阶的前向外推点、后向外推点。将以上数据存盘,并打印曲线图。

五、注意事项

1)实验室的温度、湿度、防震、电源及气氛等,应符合工作条件的要求。

2)应尽可能减少打开外罩,以防止灰尘杂物进入天平室内,从而影响仪器的精度。

3)取放试样或样品盘时,一定要用样品盘托板和盘托微微托住样品盘,防止操作时用力过大而拉断吊丝。

4)仪器长距离搬移位置时,应将吊杆、样品盘卸下,并使托板托住横梁,防止震动后影响吊丝和张丝的精度。

5)防止腐蚀性的分解气体进入天平室,影响仪器的使用寿命。

六、思考题

由草酸钙的热重曲线图谱的各失重台阶讨论各阶段可能发生的反应,计算理论转化率,并将所得结果与理论值进行比较。

实验十六　X射线衍射及物相分析

一、实验目的

1)了解衍射仪的结构、工作原理和样品制备方法。

2)掌握单相及多相混合物的X射线衍射鉴定方法。

3)学会操作X射线衍射仪。

二、实验原理

1.衍射仪的结构和原理

衍射仪是进行X射线分析的重要设备,主要由高压控制系统、测角仪、记录仪和水冷却系统组成。另外,还有计算机控制和数据处理系统。图16-1所示为X射线衍射仪框图。

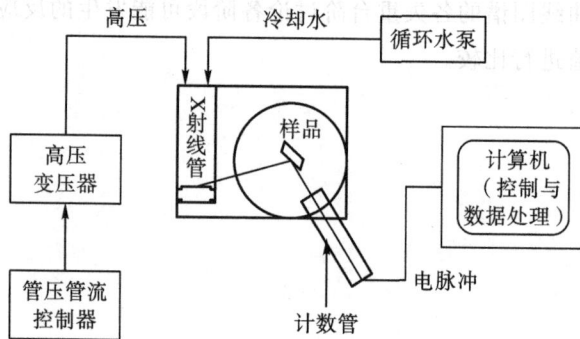

图16-1　X射线衍射仪框图

测角仪是衍射仪的重要部分,其几何光路如图16-2所示。X射线源焦点与计数管窗口分别位于测角仪圆周上,样品位于测角仪圆的正中心。

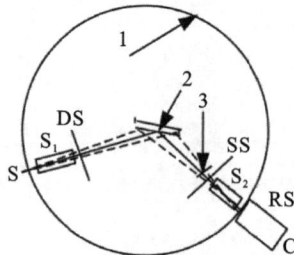

1—测角仪圆;2—样品;3—滤片;S—光源;S_1,S_2—梭拉狭缝;
DS—发散狭缝;SS—防散射狭缝;RS—接收狭缝;C—计数管。

图16-2　测角仪光路布置图

在入射光路上有固定式梭拉狭缝 S_1 和可调节式发散狭缝 DS,在反射光路上也有固定式梭拉狭缝 S_2、可调节式防散射狭缝 SS 与接收狭缝 RS。为降低背底噪声和保证 X 射线的单色性,也可在计数管前加装石墨晶体单色器。当给 X 光管加以高压,产生的 X 射线经由发散狭缝照射到样品上时,晶体中与样品表面平行的晶面,在符合布拉格条件时即可产生衍射而被计数管接收。当计数管在测角仪圆所在的平面内扫描时,样品与计数管以 1∶2 速度连动。因此,在某些角位置能满足布拉格条件的晶面所产生的衍射线将被计数管依次记录并转换成电脉冲信号,经计算机接收并处理为衍射图谱。

2. 样品制备与衍射谱测量

1)样品的制备。

(1)将被测样品在玛瑙研钵中研成 $10~\mu m$ 左右的细粉(用手触摸时无颗粒的感觉)。

(2)将适量研磨好的细粉填入样品板的凹槽中,并用平整光滑的玻璃板将其压紧。

(3)将槽外或高出样品板面的多余粉末刮去,重新将样品压平,使样品表面与样品板面一样平齐光滑。在个别特殊情况下,为使粉末样品结合牢固,也可使用少量胶水。

2)特殊样品的制备。

对于金属、陶瓷、玻璃等一些不易研成粉末的样品,可先将其锯成铝样品架窗孔大小,磨平一面,再用橡皮泥将其固定在窗孔内。对于片状、纤维状或薄膜样品也可取窗孔大小直接嵌固在窗孔内。但固定在窗孔内的样品其平整表面必须与样品板平齐,并与入射 X 射线方向垂直。

3)测量方式和实验参数选择。

(1)测量方式。衍射仪测量方式有连续扫描和步进扫描法。无论哪一种测量方式,快速扫描的情况下都能相当迅速地给出全部的衍射花样,它适用于物质的预检,对物质进行鉴定或定性估计。在衍射花样局部做非常慢的扫描,适用于精细区分衍射花样的细节和进行定量的测量。例如,混合物相的定量分析、精确的晶面间距测定、晶粒尺寸与点阵畸变的研究等。步进扫描法便于计算机数据处理,衍射分析多采用此法。

(2)实验参数选择。X 射线衍射测量就是精确测定试样的 X 射线的衍射强度和衍射线角度。但精确测定是以衍射强度下降和实验时间增加为代价的。因此,应该根据分析目的不同合理地选择实验参数,使各种参数适当配合。步进扫描法的实验参数主要有狭缝、量程、预置时间和步宽等。

①狭缝:狭缝大小对衍射强度和分辨率都有影响。大狭缝可以得到较大的衍射强度但降低分辨率,小狭缝可以提高分辨率但损失强度。一般如需要提高强度时宜选大些的狭缝,如需要高分辨率时宜选小些的狭缝。每台衍射仪都配有各种狭缝以供选用。

②量程:记录满刻度时的强度。增大量程可表现为 X 射线记录强度的衰减,不改变衍射峰的位置及宽度,并使背底和峰形平滑,但会掩盖弱峰使分辨率降低,一般分析测量中量程选择应适当。

③预置时间:表示定标器一步之内的计数时间。预置时间短,强度线相对光滑,峰形变

宽,高度下降,峰值移向扫描方向;预置时间长,衍射峰易于分辨,衍射线性和衍射强度更加真实。

④步宽:表示计数管每步扫描的角度,反映扫描速度的快慢。对于精细的测量应采用慢扫描,物相的预检或常规定性分析采用快扫描,在实际应用中根据测量需要选用不同的扫描速度。

3.物相定性分析基本原理

组成物质的各种相都具有各自特定的晶体结构(点阵类型、晶胞形状与大小及各自的结构基元等),因而具有各自的 X 射线衍射花样特征(衍射线位置与强度)。对于多相物质,其衍射花样则由其各组成相的衍射花样简单叠加而成。由此而知,物质的 X 射线衍射花样特征就是分析物质相组成的"指纹脚印"。

制备各种标准单相物质的衍射花样并使之规范化,即粉末衍射卡片(PDF/JCPDS 卡片),将待分析物质(样品)的衍射花样与之对照,从而确定物质的组成相,这就是物相定性分析的基本原理和方法。查找索引时,晶面间距 d 值一般允许有一定误差范围:$\Delta d = \pm(0.01 \sim 0.02)$Å$(1$Å$=10^{-10}$ m$)$。

三、实验仪器

Bruker - D8 Advance 衍射仪由 X 射线发生器、测角仪、样品台、探测器、控制系统与软件组成。

四、实验内容

1)实验室配有各种单相矿物和混合物,选用一种单矿和一种混合物,分别在衍射仪上进行定性测量,作出衍射图谱。

2)记录每次测量的实验条件,如仪器型号、辐射、狭缝、管流、管压、步宽、预置时间等,分析实验条件对衍射图谱的影响。

3)测定 X 射线图谱,获得 d 值和衍射峰强度。

4)根据实测 d 值和强度,按 JCPDS 卡片检索方法查找卡片。目前,先进的 X 射线衍射仪已将 JCPDS 卡存入计算机数据库,可利用计算机辅助检索和分析。

5)将实测值与卡片值列表对比分析鉴定出物相。

五、实验报告要求

1)写出实验条件,分析实验条件对衍射线形的影响。

2)给出测定的 X 射线图谱,计算 d 值和衍射峰强度。

3)给出实验鉴定出的物相名称、结构等参数。

4)对选定(实验内容中的第三条)的样品,至少画出三个不同区域组织的特征,写出这些区别的产生原因(如加工工艺、成分分布和取样及观察方位、角度等)。给出最能代表本样品金相组织特征的区域及组织示意图,并说明理由。

5)说明材料中组织组成物和相组成物的相互关系及加工工艺的影响。

6)说明组织控制的重要意义。

六、思考题

1)JCPDS卡片检索手册中每种物相都列出 8 条强线,为什么在物相鉴定时有时按实测的 8 条强线去查找索引却找不出卡片?

2)混合物相的某些衍射线可能重叠,在分析鉴定物相的过程中如何鉴别衍射线重叠?

实验十七　电子衍射及衍射谱分析

一、实验目的

1）认识透射电子显微镜。

2）了解透射电子显微镜的结构、工作原理和样品制备方法。

3）掌握单晶电子衍射花样的标定方法。

二、实验原理与内容

1. 电子显微镜的工作原理

透射电子显微镜在成像原理上与光学显微镜类似，但透射电子显微镜以电子为照明束，用磁透镜对电子束进行聚焦成像。电子束波长极短，同时与物质作用遵从布拉格方程，产生衍射现象，使得透射电子显微镜自身在具有高的分辨本领的同时兼有结构分析的功能。

图 17 - 1 是透射电子显微镜的光路原理示意图。由电子枪发射出来的电子，在阳极加速电压（金属、陶瓷等多采用 120 kV、200 kV、300 kV，生物样品多采用 80～100 kV，超高压电镜则高达 1000～3000 kV）的作用下，经过聚光镜（2、3 个电磁透镜）会聚为电子束照明样品，电子的穿透能力很弱（比 X 射线弱得多），样品必须很薄（其厚度与样品成分、加速电压等有关，一般约小于 200 nm）。穿过样品的电子携带了样品本身的结构信息，经物镜、中间镜和投影镜的接力聚焦放大最终以图像或衍射花样的形式显示于荧光屏上或拍摄于照相底片上。

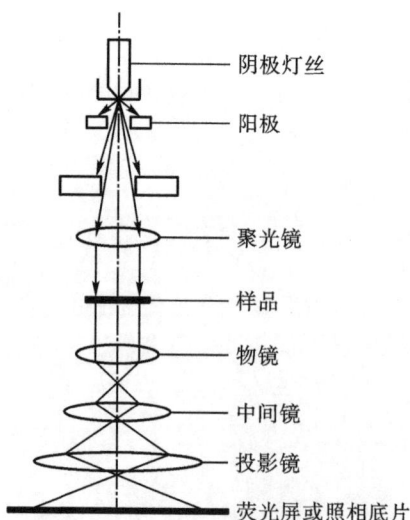

图 17 - 1　透射电子显微镜光路原理图

2. 电子显微镜的构造

透射电镜由电磁透镜、照明系统、成像系统等组成。

1)电磁透镜。电磁透镜主要由两部分组成。第一部分是由软磁材料(如纯铁)制成的中心穿孔的柱体对称芯子,称为极靴,有上极靴和下极靴。极靴的孔径和间隙比是电磁透镜的重要参数之一。第二部分是环绕极靴的铜线圈。当电流流过线圈时,极靴被磁化,并在心腔内建立起磁场。该磁场沿透镜的长度方向是不均匀的,但却是轴对称的。其等磁位面的几何形状与光学玻璃的界面相似,使得电磁透镜与光学玻璃凸透镜具有相似的光学性质。

2)照明系统。照明的电子源有两类:一类为热电子源,即在加热时产生电子;另一类为场发射源,即在强电场作用下产生电子。电子源安装于特定设计的电子枪装置中,它由阴极(灯丝)、栅极和阳极组成。钨丝和LaB_6均可以被用作电子枪的阴极。

3)成像系统。透射电镜的成像系统由物镜、中间镜(1、2个)和投影镜(1、2个)组成。成像系统的两个基本操作是将衍射花样或图像投影到荧光屏上,如图17-2所示。

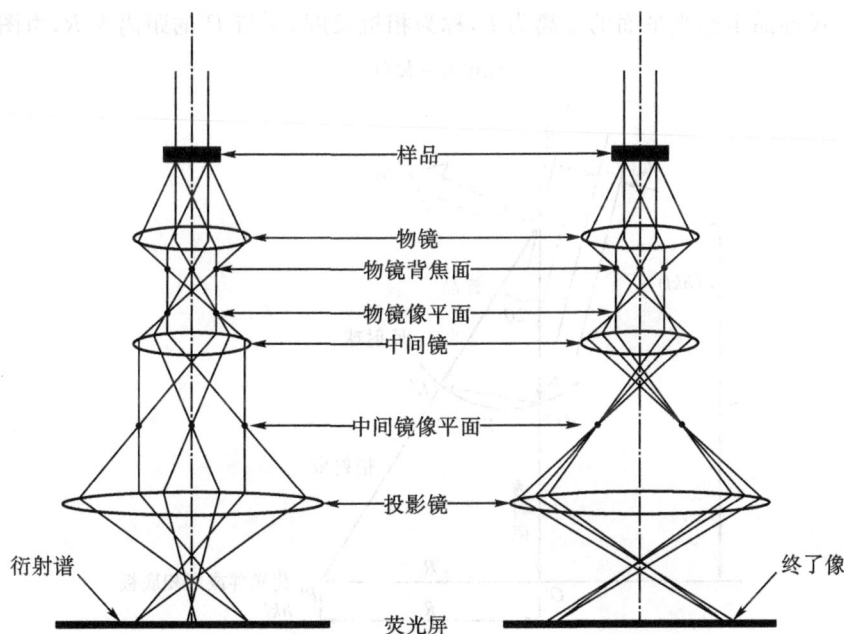

图17-2 透射电子显微镜成像系统的两种基本操作

物镜将来自样品不同部位、传播方向相同的电子在其背焦面上会聚为一个斑点,沿不同方向传播的电子相应地形成不同的斑点,其中散射角为零的直射束被会聚于物镜的焦点,形成中心斑点。这样,在物镜的背焦面上便形成了衍射花样。而在物镜的像平面上,这些电子束重新组合相干成像。通过调整中间镜的透镜电流,使中间镜的物平面与物镜的背焦面重合,可在荧光屏上得到衍射花样。若使中间镜的物平面与物镜的像平面重合则得到显微像。

3. 电子显微镜样品制备

供透射电子显微镜分析的样品必须对电子束是透明的,观察区域的厚度以控制在100~

200 nm 为宜。

一般采用线切割、金刚锯或刀片解理等方法，获得厚度约 200 μm 的薄片。

1）预减薄：采用手工或专用的机械研磨机，使样品中心区域减薄至约 10 mm 厚。

2）终减薄：常用的终减薄方法有两种，即电解抛光和离子抛光。

4. 电子衍射基本公式

电子衍射与 X 射线衍射一样，遵从衍射产生的必要条件（布拉格方程＋反射定律）和系统消光规律。

由于电子波波长很短，一般只有千分之几纳米，按布拉格方程 $2d\sin\theta=\lambda$ 可知，电子衍射的 2θ 角很小，即入射电子束和衍射电子束都近乎平行于衍射晶面。

图 17-3 为导出电子衍射基本公式（几何分析公式）的埃瓦尔德图解。设单晶样品中 (hkl) 面满足衍射必要条件，即其相应倒易点 g_{hkl} 与反射球相交。(hkl) 面衍射线（K' 方向）与感光平面交于 P' 点，即为衍射点。透射束与感光平面交于 O' 点，称为透射斑或衍射花样的中心斑点。设样品至感光平面的距离为 L，称为相机长度，O' 与 P' 的距离为 R，由图可知：

$$\tan2\theta=R/L$$

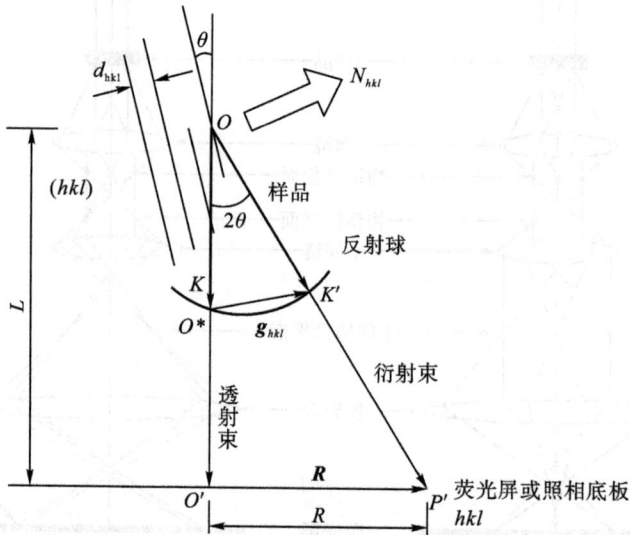

图 17-3　电子衍射基本公式的导出

由于电子衍射 2θ 很小，可近似写为

$$2\sin\theta=R/L$$

将上式代入布拉格方程，得

$$\lambda/d=R/L$$

$$Rd=\lambda L$$

式中：d 为衍射晶面间距，nm；λ 为入射电子波长，nm。

上式为电子衍射的基本公式。当加速电压一定时，电子波长 λ 值恒定，则 $\lambda L=C$（C 为常数，称为相机常数），故

$$Rd=C$$

按 $g=1/d$[g 为(hkl)面的倒易矢量],近似有

$$R=Cg$$

式中:R 为透射斑到衍射斑的连接矢量,可称为衍射斑点矢量。这就是电子衍射基本公式的矢量表达式,R 与 g 相比,只是放大了 C 倍。因此,单晶电子衍射花样是所有与反射球相交的倒易点的放大像。

5.单晶电子衍射花样标定步骤

主要方法为尝试-核算法和标准花样对照法。本实验采用尝试-核算法。

1)已知样品晶体结构和相机常数。选取靠近中心斑点的不在一条直线上的几个斑点。

2)测量各斑点 R 值及各 R 间的夹角。

3)按 $Rd=C$,由各 R 求相应衍射晶面间距 d 值。

4)按晶面间距公式(不同晶体结构,公式不同),由各 d 值及点阵常数 a 求相应的各衍射晶面干涉指数平方和 N。

5)由各 N 值确定各晶面族指数$\{hkl\}$。

6)选定 R 最短(距中心斑最近)的斑点指数。

7)按 N 尝试选取 R 的斑点指数并用 ϕ 校核。

8)按矢量运算法则确定其他斑点指数。

9)求晶带轴$[uvw]$。按右手法则有$[uvw]=[hkl]_{\text{A斑点}}\times[hkl]_{\text{B斑点}}$。

三、实验数据处理与实验报告要求

实验室准备金属薄膜透射电镜试样,选用 2 种不同的晶体结构材料,分别在透射电镜上进行电子衍射分析,拍摄衍射花样。

1)记录透射电镜的实验条件如仪器型号、阳极加速电压、选区光栏尺寸、相机长度等,分析实验条件对衍射花样的影响。

2)根据加速电压和电子波长的关系,计算相机常数。

3)通过选区、调焦、移动、倾斜样品,拍摄清晰、明锐的不同组织对应的衍射花样。

4)按尝试-核算法标定各衍射斑点的晶面指数,并确定它们的晶带轴。

四、思考题

1)电子衍射分析的基本公式是在什么条件下导出的?公式中各项的含义是什么?

2)为什么说简单单晶电子衍射花样是$(uvw)_0^*$零层倒易面的放大像?

实验十八　微观组织形貌观察及能谱分析

扫描电子显微镜是 20 世纪 30 年代中期发展起来的一种新型电镜,是一种多功能的电子显微分析仪器。配置相应的检测器,扫描电镜能接收和分析电子与样品相互作用后产生的大部分信息,如特征 X 射线电子、背散射电子、二次电子、俄歇电子、透射电子等(见图 18 - 1)。因此,它不但可以用于物体形貌的观察,而且可以进行微区成分分析(需配置相应的附件)。扫描电镜还具有分辨率高(1 nm 左右)、制样方便、成像立体感强和视场大等优点,因而在科研和工业各个领域得到了广泛的应用。

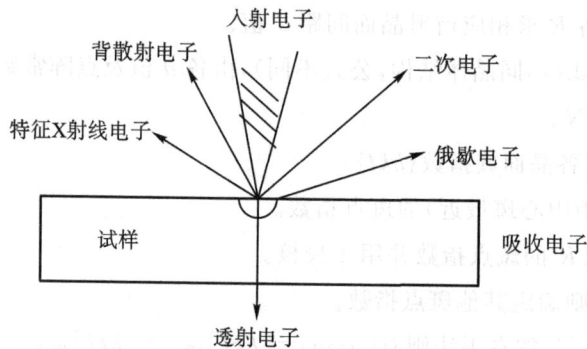

图 18 - 1　电子束与固体样品作用时产生的信号

与透射电镜相比,样品制备方便是扫描电镜突出的优点。扫描电镜对样品的厚度无苛刻要求。导体样品一般不需要任何处理就可以进行观察,陶瓷等非导体样品只需在表面真空镀金后即可进行观察。

扫描电镜的上述优点,使其在材料微观表征中的应用越来越广泛。目前主要用于:研究样品的自由表面和断面结构;粉体样形貌观察;各类金相样品微观组织的观察。

一、实验目的

1)了解扫描电镜的工作原理和结构。

2)掌握扫描电镜的基本操作。

3)掌握扫描电镜样品的制备方法。

二、实验原理

本实验采用 JSM - 7000F 型扫描电子显微镜,该电镜具有接收二次电子和背散射电子成像的功能。"二次电子"是入射到样品内的电子在透射和散射过程中,与原子的外层电子进行能量交换后,被轰击射出的次级电子,它是从样品表面很薄的一层(约 5 nm 的区域内)

激发出来的。而次级电子的发射与样品表面的物化性状有关，被用来研究样品的表面形貌。二次电子的分辨率较高，一般可达 5～10 nm，是扫描电镜应用的主要电子信息。

"背散射电子"是入射电子与样品原子的原子核连续碰撞，发生弹性散射后重新从样品表面逸出的电子。由于背散射电子主要从样品表面 100 nm～1 μm 深度范围出发，其分辨率较低，约 50～100 nm。

扫描电镜的工作原理如图 18-2 所示。带有一定能量的电子，经过第一、第二两个电磁透镜（物镜）聚焦，成为一束很细的电子束（称为电子探针或一次电子）。在第二次聚光镜和物镜之间有一组扫描线圈，控制电子探针在样品表面扫描，引起一系列的二次电子发射。这些二次电子信号被探测器依次接收，经信号放大和处理系统（视频放大器）输入显像管的控制栅极上调制显像管的亮度。由于显像管的偏转线圈和镜筒中的扫描线圈的扫描电流由同一扫描发生器严格控制同步，所以在显像管的屏幕上就可以得到与样品表面形貌相应的图像。

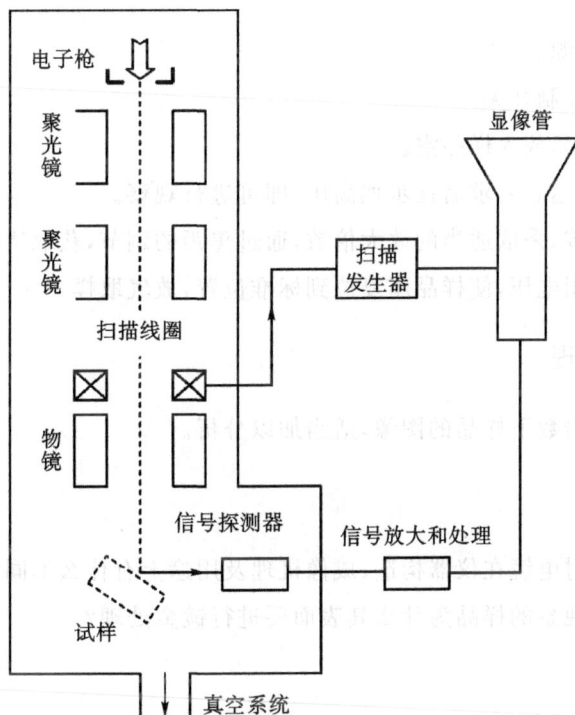

图 18-2　扫面电镜结构原理方框图

扫描电镜的上述主要部件均安装在金属的镜筒内。镜筒内的真空度为 5×10^{-5} Torr（1 Torr＝133.322 Pa），电子枪加速电压可高达 30 kV，电镜的分辨率可达 1 nm。

三、实验材料与设备

试样：最大直径 20 mm，最大厚度 10 mm。

仪器设备:JSM－7000F 扫描电子显微镜。

四、实验内容

1. 样品的制备

如果是金相样品,将样品加工到容许的最大尺寸以下,保持上下表面尽量平行,用制备金相样品的方法制备好样品,用恰当的腐蚀剂腐蚀,腐蚀程度比光镜下观察的样品稍深,清洗、烘干。如果是断口形貌的观察,要在不破坏样品表面结构的前提条件下适当清洗,除去黏附的细小颗粒,清洗后应将断口清洗干净后烘干。

块状和片状的样品可直接用导电胶固定在样品座上。粉状样品可用下述方法固定:取一块 5 mm^2 的导电胶带,将导电胶带粘在铜柱上,取粉末样品少许,均匀撒在导电胶带上,再把铜柱固定在样品座上。

2. 样品的观察

1)开水源,接通电源。

2)开启扫描电镜控制开关。

3)放气,将待测样品放入样品室。

4)抽真空,真空度达到要求后逐步加高压,即可进行观察。

5)对感兴趣的区域,采取适当的放大倍数,通过焦距的调节,获取清晰的图像。

6)扫描完成后关闭电压,使样品座复位到标准位置,放气取样。

五、实验数据处理

观察并拍摄不同倍数下样品的图像,适当加以分析。

六、思考题

1)扫描电镜与透射电镜在仪器构造、成像机理及用途上有什么不同?

2)用于扫描电镜观察的样品为什么其表面要进行镀金处理?

第四部分　材料制备及综合性、研究性实验

实验十九　非晶制备

非晶体是指结构无序或者近程有序而长程无序的物质,组成物质的分子(或原子、离子)是不呈空间有规则周期性排列的固体,没有一定规则的外形。它的物理性质在各个方向上是相同的,叫"各向同性"。它没有固定的熔点,所以有人把非晶体叫作"过冷液体"或"流动性很小的液体"。玻璃体是典型的非晶体,所以非晶态又称为玻璃态。重要的玻璃体物质有氧化物玻璃、金属玻璃、非晶半导体和高分子化合物。

非晶体没有固定的熔点,随着温度升高,物质首先变软,然后由稠逐渐变稀,成为流体,具有一定的熔点是一切晶体的宏观特性,也是晶体和非晶体的主要区别。

一、实验目的

1)了解非晶态的基本常识。

2)了解快速凝固设备的基本原理和基本操作。

3)制备出一条非晶带。

二、实验原理

金属材料、部分无机非金属材料和部分有机高分子材料在正常制备条件下其固体中的原子都是长程有序排列的,即形成晶体。而除液晶外,绝大多数材料在液体状态下原子的排列是长程无序的。研究发现,如果能将液态时原子排列的长程无序态保持到固体,材料的性能会与原子排列的长程有序态(晶态)有极大的不同。固态时,原子排列的长程无序态称为非晶或非晶态。

在正常凝固过程中,液态中的原子从无序到有序排列的过程称为结晶。由于结晶过程中,原子间要发生重组,就必须进行扩散。原子迁移或扩散一定的距离需要一个参数即时间作保证。假如在晶体形成之前,将液态材料强制冷却使其凝固,则可以将液态原子排列的短程有序结构保存下来,即形成原子排列短程有序的固体,就是非晶态。

显然要制备成非晶态,冷却速度是至关重要的。对于纯金属和金属固溶体,由于结晶所需要的原子扩散距离较短及相的化学成分在一定的范围内,形成非晶态非常困难。而化合

物结晶由于必须有成分的要求,形成非晶态则相对较容易。因此制备出的非晶固态大多是多组元、以化合物为主相的材料。非晶态的形成还需另外的一个条件,即在很大的过冷度下,液态材料不能分解成两个或多个成分不同的液相,即液态材料不能发生液相分解。而为了保证这一点,材料各组元在液态必须有负的混和热。

制备非晶材料的方法有很多,最常见的是液态急冷法,这种方法可以制备薄带、薄板等。制备薄带非晶的设备示意图如图 19 - 1 所示,它在真空环境中,将合成完毕的中间材料放入(石英)坩埚内,采用高频感应将材料熔化并加热到设定温度后,用一定压力的氩气将熔融的液体材料从坩埚底部的小孔(喷嘴)吹出至高速旋转的高导热率(如 Cu)冷却辊上,使熔体高速冷却并凝固。这种方法也称为熔体快淬(melt quenching)或熔体旋淬(melt spinning)。其冷却速度可达 10^9 K/s。制备的非晶带一般为几十微米厚,宽度取决于喷嘴的形状。

此外,制备非晶的方法还有蒸发、离子、分子溅射、磁控溅射、辉光放电、电子、离子束沉积等,但由于这些方法大多属于从稀释态到凝聚态的制备,制备速率极低,只能用于非晶薄膜的制备。

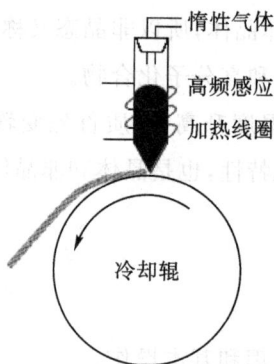

图 19 - 1 熔体快淬示意图

三、实验材料与设备

1)真空多功能微晶非晶合成设备。

2)GP - CW7 高频感应加热电源。

3)Cu - Zr - Ti 合金。

四、实验内容

1)了解非晶的含义、制备方法、制备设备。

2)仔细观察金属材料在高频感应加热过程中的特点。

3)采用熔体快淬法制备出 Cu - Zr - Ti 非晶薄带。

五、实验报告要求

1)写出实验的目的和意义。

2)写出晶体、非晶体的含义。

3)写出非晶态的制备原理。

4)详细描述熔体快淬设备，写出各零部件的名称、功能和用途。

5)详细描述金属材料在高频感应加热过程中的特点，从理论上解释这些特点。

6)描述制备出的非晶薄带形貌、特点。

实验二十　金属材料的热处理实验

热处理的目的是通过改变金属材料的内部结构来改善其机械性能，以满足不同的应用需求。通过适当的热处理，可以获得高强度、高硬度、高耐磨性和高耐腐蚀性的材料，同时保持材料的良好塑性和韧性。热处理还可以消除材料的内应力，提高材料的尺寸稳定性。

相比其他材料的处理方法，热处理可以更有效地提高材料的机械性能和耐腐蚀性，因此在许多领域中得到广泛应用。例如，在机械制造领域中，热处理可以提高机床刀具的硬度和耐磨性，延长刀具的使用寿命；在航空航天领域中，热处理可以提高飞机发动机的效率和寿命；在化工领域中，热处理可以提高管道和阀门的耐腐蚀性和耐高压性能。

一、实验目的

1）掌握碳钢的普通热处理（退火、正火、淬火及回火）基本过程与操作方法。

2）分析加热温度、冷却速度、含碳量等对碳钢硬度的影响。

二、实验原理

热处理的原理是基于金属材料内部的晶体结构变化。金属材料内部由原子排列组成的晶体结构，其性质和排列方式对材料的机械性能有重要影响。通过加热和冷却金属材料，可以改变其晶体结构，从而改变其机械性能。

热处理是一种很重要的金属热加工工艺方法，也是充分发挥金属材料性能潜力的重要手段，它的主要目的是改变金属的性能。所谓热处理是将金属在固态下通过加热、保温与冷却的方法改变其组织与性能的工艺。主要包括退火、正火、淬火及回火。

实施热处理操作时，加热温度、保温时间和冷却方式是重要的三个基本工艺因素，正确选择这三个工艺因素是热处理成功的基本保证。

1. 加热温度的选择

1）退火工艺。

退火工艺按照加热温度不同分为完全退火和不完全退火。

（1）完全退火：将钢加热到 A_{c3} 和 A_{cm} 以上 30～50 ℃，保温一定时间，然后随炉冷却到 500 ℃以下出炉空冷或随炉冷却至室温的一种工艺（见图 20 - 1）。完全退火后的组织接近平衡组织。亚共析钢多采用完全退火。

（2）不完全退火：将钢加热到 A_{c1}～A_{cm}（通常为 A_{c1} 以上 30～50 ℃），保温一段时间，而后随炉冷却至 500 ℃以下，或在 A_{c1} 以上某一温度下恒温保持一段时间，而后随炉冷却至 500℃以下出炉空冷的一种工艺。共析钢、过共析钢的退火则多采用不完全退火。不完全退火后的组织为球状珠光体，故又称为球化退火。该工艺的目的是获得球状珠光体组织，降低硬度,改善高碳钢的切削性能,同时为最终热处理做好组织准备。

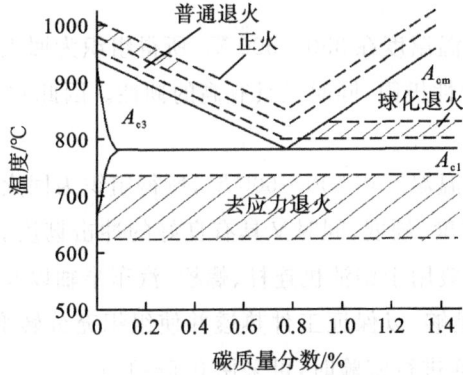

图 20-1　退火和正火的加热温度范围

2)正火工艺。

将钢加热到 A_{c3} 和 A_{cm} 以上 30~50 ℃,保温一定时间,然后在空气中冷却的工艺方法,称为正火(见图 20-1)。正火的冷却速度比退火快,可获得较为细密的索氏体组织,因而比退火组织具有较高的强度和硬度。

3)淬火工艺。

钢的淬火是将钢加热到相变温度(A_{c3} 或 A_{c1})以上,保温一定时间后,再快速冷却的一种工艺。通常淬火钢的基体是马氏体。将钢加热到 A_{c3} 以上为完全淬火,加热到 A_{c1} 以上为不完全淬火。碳钢的正常淬火加热温度范围见图 20-2。冷却介质一般为油、水和盐水,这三种介质的冷却能力依次增强。由于碳钢的含碳量、淬火加热温度、冷却介质不同时所得到的组织不同,因而性能不同。

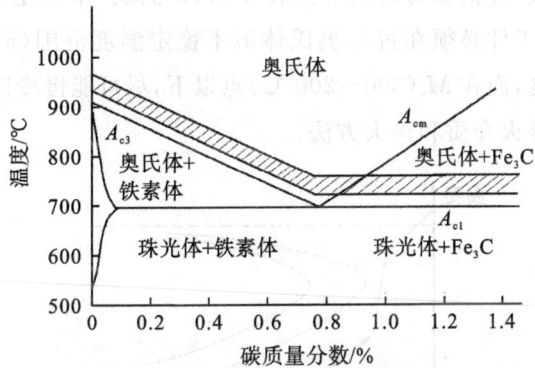

图 20-2　淬火的加热温度范围

4)回火工艺。

将淬火钢重新加热到 A_{c1} 以下某一温度,并保温一定时间后重新冷却至室温的工艺过程称为回火。根据加热保温温度的高低,回火分为以下三类。

(1)低温回火。加热保温温度在 150~250 ℃,所得组织为回火马氏体,硬度约为 57~60

HRC,其目的是降低应力,减少钢的脆性,并保持钢的高硬度。一般用于切削工具、量具、滚动轴承钢以及渗碳钢等。

(2)中温回火。加热保温温度在350~500 ℃,所得组织为回火托氏体,硬度约为40~48 HRC,其目的是获得高的弹性极限,同时又具有高的韧性。因此它主要用于各种弹簧及热锻模具。

(3)高温回火。加热保温温度在500~600 ℃,所得组织为回火索氏体,硬度约为25~35 HRC,其目的是获得一定强度、硬度,同时又具有良好的冲击韧度。通常把淬火后经高温回火的处理称为调质处理,一般用于柴油机连杆、螺栓、汽车半轴以及机床主轴等。

回火加热保温时间要足够,以保证工件热透并使组织充分转变。生产中回火保温时间一般为1~3 h。采用小试样进行实验时,可采用0.5~1 h。

2. 保温时间的确定

通常将工件升温和保温所需要的时间计算在一起,称为加热时间。在具体生产条件下,工件加热时间与钢的成分、原始组织、工件几何形状和尺寸、加热介质、炉温、装炉方式、热处理的目的等因素有关。具体时间可参考有关热处理手册。

实际工作中多根据经验大致估算加热时间。一般规定,在空气介质中,升到规定温度后的保温时间,碳钢按1~9 min/mm估算;合金钢按2 min/mm估算;在盐浴炉中,保温时间可缩短。

3. 冷却方式与方法

退火采用随炉冷却。正火采用空气冷却,大件可采用吹风冷却。淬火冷却,一方面冷却速度要大于临界冷却速度,以保证得到马氏体;另一方面又希望冷却速度不要太大,以减少内应力,避免变形和开裂,应根据材料的等温转变图(C曲线)来确定冷却速度,图20-3是理想的冷却曲线。淬火工件必须在过冷奥氏体最不稳定温度范围(650~500 ℃)内进行快冷,以超过临界冷却速度,而在M_s(300~200 ℃)点以下,尽可能慢冷以减少内应力。为保证淬火质量,应适当选用淬火介质和淬火方法。

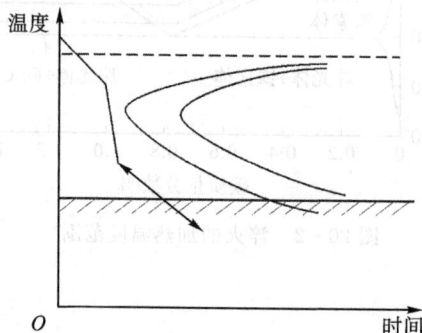

图20-3 淬火时的理想冷却曲线示意图

淬火时除了要选用合适的淬火介质外,还应采用不同的淬火冷却方式。对形状简单的工件,采用简单的单液淬火法,碳钢用水或盐水溶液冷却介质,合金钢常用油作冷却介质;对于形状复杂的工件,采用双液淬火法;对于一些形状复杂且要求变形较小的工件,则采用分级淬火、等温淬火等不同的冷却方式。

三、实验材料与设备

1)箱式电阻炉。

2)硬度计。

3)碳钢。

4)抛光机。

四、实验内容

1. 热处理

按表20-1所列的材料及热处理工艺进行热处理操作,并对热处理后的各试样进行硬度测定,将其值填入表中。

表20-1 热处理工艺、硬度及组织

| 材料 | 热处理工艺 | | | | 硬度 HRC 或 HRB | | | | 组织 |
	加热温度/℃	保温时间/min	冷却方式	回火温度/℃	1	2	3	平均	
45 钢	860	15~20	炉冷						
	860		空冷						
	860		水冷						
	860		水冷	200					
	860		水冷	400					
	860		水冷	600					
T12 钢	780	15~20	炉冷						
	780		空冷						
	780		水冷						
	780		水冷	200					
	780		水冷	400					
	780		水冷	600					

注:保温时间可按 1 min/mm 计算;回火保温时间均为 30 min,然后取出空冷。

2. 实验步骤及注意事项

1) 按照前述工艺进行热处理实验。

2) 淬火时,试样要用钳子夹住,动作要快,并不断在水中搅动,以免影响热处理质量。取放试样时要事先将炉子电源关闭。

3) 热处理后的试样用砂纸磨去两端面氧化皮,然后测量硬度值,并填表,以供分析用。

五、实验报告要求

1) 写出实验目的和内容。

2) 列出全部实验数据。

3) 绘制回火温度-硬度曲线,并分析含碳量、冷却速度及回火温度对碳钢硬度的影响。

4) 分析淬火加热温度与冷却速度对钢的组织和硬度的影响。

5) 总结实验中出现的问题,并分析产生的原因。

实验二十一　固相反应

许多材料都是通过固相反应合成的。固相反应是材料制备中一个重要的高温动力学过程,固体之间能否进行反应、反应完成的程度、反应过程的控制等直接影响材料的显微结构,并最终决定材料的性质,因此,研究固体之间反应的机理及动力学规律,对传统和新型无机非金属材料的生产有重要的意义。

一、实验目的

1)掌握 TG 法的原理,熟悉采用 TG 法研究固相反应的方法。

2)通过 $Na_2CO_3 - SiO_2$ 系统的反应验证固相反应的动力学规律——杨德方程。

3)通过作图计算出反应的速度常数和反应的表观活化能。

二、实验原理

固体材料在高温下加热时,因其中的某些组分分解逸出或固体与周围介质中的某些物质作用使固体物质的质量发生变化,如盐类的分解、含水矿物的脱水、有机物质的燃烧等会使物系质量减轻,高温氧化、反应烧结等则会使物质质量增加。热重(thermo-gravimetry,TG)分析法及微商热重法(derivative thermogravimetry,DTG)就是在程序控制温度下测量物质的质量与温度关系的一种分析技术。所得到的曲线称为 TG 曲线(即热重曲线),TG 曲线以质量为纵坐标,以温度或时间为横坐标。微商热重法所记录的是 TG 曲线对温度或时间的一阶导数,所得的曲线称为 DTG 曲线。现在的热重分析仪常与微分装置联用,可同时得到 TG - DTG 曲线。通过测量物系质量随温度或时间的变化来揭示或间接揭示固体物系反应的机理或反应动力学规律。

固体物质中的质点,在高于绝对零度的温度下总是在其平衡位置附近做谐振动。温度升高时,振幅增大。当温度足够高时,晶格中的质点就会脱离晶格平衡位置,与周围其他质点产生换位作用,在单元系统中表现为烧结,在二元或多元系统则可能有新的化合物出现。这种没有液相或气相参与,由固体物质之间直接作用所发生的反应称为纯固相反应。实际生产过程中所发生的固相反应,往往有液相或气相参与,这就是所谓的广义固相反应,即由固体反应物出发,在高温下经过一系列物理化学变化而生成固体产物的过程。

固相反应属于非均相反应,描述其动力学规律的方程通常采用转化率 G(已反应的反应物质量与反应物原始质量的比值)与反应时间 t 之间的积分或微分关系来表示。测量固相反应速率,可以通过 TG 法(适用于反应中有质量变化的系统)、量气法(适用于有气体产物逸出的系统)等方法来实现。本实验通过失重法来考察 $Na_2CO_3 - SiO_2$ 系统的固相反应,并对其动力学规律进行验证。

Na_2CO_3 - SiO_2 系统固相反应按下式进行：

$$Na_2CO_3 + SiO_2 \longrightarrow Na_2SiO_3 + CO_2 \uparrow$$

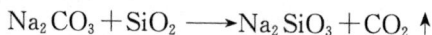

恒温下通过测量不同时间 t 时失去的 CO_2 的质量，可计算出 Na_2CO_3 的反应量，进而计算出其对应的转化率 G，来验证杨德方程 $[1-(1-G)^{1/3}]^2 = K_j t$ 的正确性。其中，$K_j = A\exp(-Q/RT)$ 为杨德方程的速度常数，Q 为反应的表观活化能。改变反应温度，则可通过杨德方程计算出 Q 和不同温度下的 K_j。在化学反应中，由普通分子变为活化分子所需要的最低能量称为活化能，它是决定反应速率的一个重要因素，活化能越大，反应速率越慢，反应活化能越小，反应速率越快。

三、实验材料与设备

实验用的设备为高温微量热天平（WRT-3P 型热天平），由八个单元构成，即天平单元、加热炉、天平放大单元、微机温度控制单元、微分单元、接口单元、气氛控制单元、自动记录单元。

仪器使用说明见实验十五。

实验所用材料为铂金坩埚 1 只，不锈钢镊子 2 把，实验原料为化学纯 $NaCO_3$、SiO_2。

四、实验内容

1. 样品制备

1）将 Na_2CO_3（化学纯）和 SiO_2（含量 99.9%）分别在玛瑙研钵中研细，过 250 目筛。

2）将 SiO_2 的筛下料在空气中加热至 800℃，保温 5 h，将 Na_2CO_3 筛下料在 200℃ 烘箱中保温 4 h。

3）把上述处理好的原料按 Na_2CO_3：SiO_2 ＝1：1 摩尔比配料，混合均匀，烘干，放入干燥器内备用。

2. 测试步骤

1）开机装试样。

2）接通电炉电源，按预定的升温速率升温，大约 10～20 ℃/min，达到 700 ℃ 时保温 35 min。

3）采集样品的温度保持在 700 ℃。

4）取出坩埚，倒去废样，重新装样，进行 750 ℃ 的测试。

5）实验完毕，取出坩埚，将实验工作台物品复原。

五、实验数据处理

根据实验数据作 $[1-(1-G)^{1/3}]^2 - t$ 图，通过直线斜率求出反应的速度常数 K_j。通过 K_j 求出反应的表观活化能 Q。

六、思考题

1)温度对固相反应速率有何影响？其他影响因素有哪些？

2)解释本实验中的失重规律。

3)影响本实验准确性的因素有哪些？

实验二十二　固相烧结实验

固相烧结是在高温作用下,坯体发生一系列物理化学变化,包括有机物挥发、坯体内应力的消除、气孔率的减少、物质迁移、二次再结晶和晶粒长大,由松散状态逐渐致密化,且机械强度大大提高的过程,这个过程中没有液相参加。简而言之,固相烧结涉及固态物质之间的结合,不涉及液相的形成或参与。在固相烧结中,粉末状或压坯状的材料在低于其熔点的温度下进行加热,这一过程主要依靠颗粒之间的冶金结合,而非化学成分或相组织的变化。固相烧结可以发生在单一成分的粉末或压坯中,也可以发生在含有不同组分的多元系材料中。在固相烧结过程中,粉末颗粒之间的黏结、致密化和纯金属的组织变化是主要发生的现象。

固相烧结的特点包括只发生颗粒之间的冶金结合、没有化学成分和相组织的变化、烧结过程中主要依靠扩散传质等。此外,固相烧结的动力学规律和影响因素与液相烧结有所不同,例如,材料的表面能、扩散系数、黏性系数、临界剪切应力、蒸气压和蒸发速率等因素都会影响烧结过程。

固相烧结大致分为三个阶段进行:

第一阶段,即黏结过程。颗粒间的原始接触点或面转变成晶体结合,即通过成核、晶粒长大等过程形成烧结颈。在此阶段中,颗粒内的晶粒不发生变化,颗粒外形也基本不变,整个烧结不发生收缩,密度增加也极为微小,但是烧结体的强度和导电性等由于颗粒接触面增大而有明显的增加。

第二阶段,即烧结颈长大阶段。在此阶段中,烧结颈扩大,颗粒间距离缩小,形成连续的闭孔网络,孔洞大量消失,烧结体收缩,密度和强度显著增加。

第三阶段,孔隙球化和缩小,整个烧结体仍可能缓慢收缩,主要是靠孔隙的消失来实现,但仍残留少量闭孔隙。

烧结驱动力是指烧结过程中推动物质传递和迁移从而实现致密化过程的动力,主要由颗粒的表面能提供。在成型体中,粉末颗粒尺寸很小,具有较高的表面能量,颗粒间接触面积也很小,伴随有大量的气-固表面,总表面积很大且处于较高的能量状态,在烧结过程中将自发地向最低能量状态变化,原来的气-固界面逐渐生成能量较低的固-固界面。

一、实验目的

掌握烧结原理,并运用实验方法研究不同材料的烧结传质方式和机理。

二、实验原理

烧结是固体粉状制品在低于其熔点的温度下,内部质点迁移,充填气孔而达到致密化的过程。伴随这一过程,试样表现出强度增加、密度提高等宏观性能的变化。烧结的机理是很复杂的,不同的无机材料试样在烧结时,由于传质方式和传质速率不同,因而表现出的宏观性能变化规律也就各不相同。通过试样的性能随时间、温度的变化规律可对其烧结机理有所了解。

对一定的试样,在固定的烧结温度下,坯体的线性收缩率 $\frac{\Delta L}{L_0}$ 与时间 t 有下列关系:

$$\frac{\Delta L}{L_0} = At^K \tag{22-1}$$

$$\lg \frac{\Delta L}{L_0} = \lg A + K \lg t \tag{22-2}$$

式中:K 为时间指数,其值与具体烧结机理有关;A 为速度常数,它取决于烧结温度和坯体的本征性质。由式(22-2)可见,一方面,当温度固定时,$\lg \frac{\Delta L}{L_0}$ 与 $\lg t$ 成线性关系。因而在不同的时间 t 时测得试样的收缩率 $\frac{\Delta L}{L_0}$,可求出 A 和 K 值,进一步可推断其烧结机理。另一方面,速度常数 A 与温度 T 的关系服从阿伦尼乌斯方程:

$$\ln A = B - \frac{Q}{RT} \tag{22-3}$$

式中:Q 为烧结活化能;B 为烧结速度常数。

通过测定不同温度下的烧结速度常数,由式(22-3)可求出其烧结活化能。

三、实验材料与设备

1)热膨胀仪。

2)瓷泥小圆柱。

四、实验内容

本实验所用仪器设备为膨胀仪,其原理如图12-1所示,仪器操作方法见实验十二。

1)将试样两端磨平(尽量平行),垫上底座,置于石英管内。

2)调整膨胀仪至工作状态,并测出试样尺寸。

3)接通电源,按给定升温制度加热至 600 ℃,保温 20 min。

4)试样送至加热炉中部热电偶附近,迅速记录时间及试样尺寸的变化。20 min 后取出试样。

5)再升温至 900 ℃,保温 20 min,用另一试样,重复步骤4)。

6)关掉电炉,将膨胀仪复原。

7)试样为塑性瓷泥制成的小圆柱,经烘干并在 500 ℃预烧 1 h。

五、实验数据处理

1)根据实验数据,作 $\frac{\Delta L}{L_0} \sim \lg t$ 曲线,并通过曲线的斜率和截距分别求出 K 和 A。

2)根据不同温度下的实验数据求出活化能 Q。

六、思考题

1)讨论本实验的烧结传质方式是什么。

2)影响烧结的因素有哪些?

3)为什么烧结实验必须在恒定温度下进行?

实验二十三　固相法制备软磁铁氧体材料综合实验

铁氧体是一种具有铁磁性的金属氧化物。就电特性来说,铁氧体的电阻率比金属、合金磁性材料大得多,而且还有较高的介电性能。铁氧体的磁性能还表现在高频时具有较高的磁导率。因而,铁氧体已成为高频弱电领域用途广泛的非金属磁性材料。由于铁氧体单位体积中储存的磁能较低,饱合磁化强度也较低(通常只有纯铁的 $1/3\sim1/5$),因而限制了它在要求高磁能密度的低频强电和大功率领域的应用。它们根据不同的性能和应用领域,可以分为以下几类:

1)软磁铁氧体:软磁铁氧体由三氧化二铁和一种或几种其他金属氧化物(如氧化镍、氧化锌、氧化锰、氧化镁、氧化钡、氧化锶等)配制烧结而成。这类材料在较弱的磁场下,易磁化也易退磁,如锌铬铁氧体和镍锌铁氧体等。软磁铁氧体是当前用途广、品种多、数量大、产值高的一种铁氧体材料。它主要用作各种电感元件,如滤波器磁芯、变压器磁芯、无线电磁芯,以及磁带录音和录像磁头等,也是磁记录元件的关键材料。

2)硬磁铁氧体:具有高矫顽力和高磁能积,常用于制作大功率传动和感应器件,如马达、扬声器和磁盘驱动器等。

3)旋磁铁氧体:磁性材料的旋磁性是指在两个互相垂直的稳恒磁场和电磁波磁场的作用下,平面偏振的电磁波在材料内部虽然按一定的方向传播,但其偏振面会不断地绕传播方向旋转的现象。金属、合金材料虽然也具有一定的旋磁性,但由于电阻率低、涡流损耗太大,电磁波不能深入其内部,所以无法利用。因此,铁氧体旋磁材料旋磁性的应用就成为铁氧体独有的领域。旋磁材料大都与输送微波的波导管或传输线等组成各种微波器件,主要用于雷达、通信、导航、遥测等电子设备中。

4)矩磁铁氧体:具有矩形磁滞回线,主要用于电子计算机的存储器磁芯等。

5)永磁铁氧体:一种具有单轴各向异性的六角结构的化合物。主要是钡、锶、铅三种铁氧体及其复合的固溶体,有同性磁和异性磁之分。由于这类铁氧体材料在外界磁化场消失以后,仍能长久地保留着较强的恒定剩磁性质,可以用于对外部空间产生恒稳的磁场。其应用很广泛,在各类电表、发电机、电话机、扬声器、电视机和微波器件中作为恒磁体使用。

6)压磁铁氧体:这类材料在磁场作用下会发生机械形变,如镍锌铁氧体等,主要用作电磁能与机械能相互转化的换能器。

7)吸波铁氧体:具有吸收电磁辐射波的特性,可用于电磁波屏蔽等领域。多层膜铁氧体由多层金属膜和铁氧体膜交替而成,具有高阻尼和宽频宽,应用于高频电子器件和磁存储器件。

铁氧体的化学式通常表示为 XFe_2O_4,其中 X 代表二阶金属氧化物,如氧化锰、氧化铜、氧化锌、氧化镍等,由这些化合物复合而成的多结晶烧结体构成了铁氧体材料。

一、实验目的

1)熟悉固相法制备材料的工艺流程和实验室操作过程。

2)加深对所制备具体材料结构、性能的了解。

3)结合分析、测试手段,研究具体工艺环节对具体材料结构、性能的影响。

二、实验原理

在实验二十一中,已经对固相反应有了初步了解。固相法是一种常见的化学合成法,它是指在反应过程中,至少有一种反应物以固态形式存在。固相法的原理是通过反应物在固态条件下的反应,合成出所需的产物。固相法在化学合成、材料制备、药物合成等领域都有广泛的应用。固相法的反应物以固态形式存在,反应速率较慢,需要一定的时间才能完成反应。这种反应速率慢的特性使得反应过程更容易控制,产物的纯度也更高。此外,固相法还可以避免一些在液相条件下容易发生的副反应,提高了反应的选择性。

在固相反应中,常见的反应物呈粉末、颗粒或片状形态。这些反应物可以是单一的物质,也可以是混合物,在反应过程中,反应物之间发生化学反应,从而形成新的产物。固相法的反应过程可以通过加热、加压或者其他条件来促进。固相法的原理不仅适用于化学合成领域,还广泛应用于材料制备领域。例如,在固相法合成纳米材料时可以通过固态反应使得反应物在微观尺度上发生变化,从而得到所需的纳米材料。这种方法具有成本低、操作简单的优点,因此在纳米材料制备中得到了更多的认可和应用。

1. 固相法制备电子材料的工艺流程简图(见图 23 - 1)

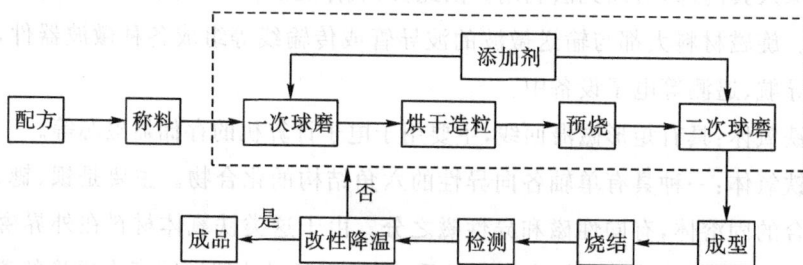

图 23 - 1 固相法制备电子材料

2. 镍锌材料配方计算

$$c_{Ni_2O_3} = \frac{\frac{x}{2}M_{Ni_2O_3}}{\frac{x}{2}M_{Ni_2O_3} + (1-x)M_{ZnO} + yM_{Fe_2O_3}} \times 100\% \qquad (23-1)$$

$$c_{ZnO} = \frac{(1-x)M_{ZnO}}{\frac{x}{2}M_{Ni_2O_3} + (1-x)M_{ZnO} + yM_{Fe_2O_3}} \times 100\% \qquad (23-2)$$

$$c_{\mathrm{Fe_2O_3}} = \frac{yM_{\mathrm{Fe_2O_3}}}{\dfrac{x}{2}M_{\mathrm{Ni_2O_3}} + (1-x)M_{\mathrm{ZnO}} + yM_{\mathrm{Fe_2O_3}}} \times 100\% \qquad (23-3)$$

本实验要求设计起始磁导率 $\mu_i = 50 \sim 2000$ 的镍锌铁氧体材料,配料 100 g,原材料纯度:$\mathrm{Fe_2O_3}$(99.4%),$\mathrm{Ni_2O_3}$(99.7%),ZnO(99.8%)。根据配方 $\mathrm{Ni_xZn_{1-x}O \cdot yFe_2O_4}$ 计算各组分质量百分含量如下:$M_{\mathrm{Fe_2O_3}} = 159.69$,$M_{\mathrm{NiO}} = 165.42$,$M_{\mathrm{ZnO}} = 81.38$。各组分的质量为

$$m_{\mathrm{Fe_2O_3}} = 100 \times c_{\mathrm{Fe_2O_3}} \div 99.4\%$$
$$m_{\mathrm{Ni_2O_3}} = 100 \times c_{\mathrm{Ni_2O_3}} \div 99.7\%$$
$$m_{\mathrm{ZnO}} = 100 \times c_{\mathrm{ZnO}} \div 99.8\%$$

三、实验材料与设备

1. 材料

$\mathrm{Ni_2O_3}$、ZnO、$\mathrm{Fe_2O_3}$ 粉末,PVA,硬脂酸锌。

2. 设备

天平,行星式球磨机,管式炉,模具,液压装置,金相显微镜,X 射线衍射仪,软磁性能测试装置,居里温度测式仪。

四、实验内容

1)一次球磨:按一定比例称料,采用行星式球磨机,一次球磨 4 h,料:球:水 = 1:2.5:1。

2)预烧:球磨料烘干后,过 40 目筛,按 2~3℃/min 的速度升温至指定温度并保温若干小时。

3)二次球磨:预烧料粉碎过 40 目筛,采用行星式球磨机,二次球磨 6 h,料:球:水 = 1:2.5:1。

4)造粒:二次球磨烘干料先过 40 目筛,掺 0.10%(质量分数)PVA,采用手工造粒,然后过 40 目和 100 目的叠筛,40 目和 100 目中间的料再加 0.20%(质量分数)硬脂酸锌搅拌均匀。

5)成型:用 50 MPa 的压力成型。

6)烧结:在适当的温度区间进行烧结。

7)电磁参数测试及显微形貌观察:

(1)采用金相显微镜观察材料晶粒和晶界结构;

(2)采用 X-RAD 进行物相分析;

(3)采用排水法测量材料的密度;

(4)采用软磁材料测试仪测量材料起始磁导率、最大磁导率、磁滞回线;

（5）采用居里点测试仪测量材料的居里点。

五、实验数据处理

完成工艺实验及电磁性能测试后，进行数据处理，并结合实验结果和显微结构观察，综合分析工艺条件（烧结制度、添加剂等）变化对具体材料性能影响的规律。

实验二十四　溶胶-凝胶法制备纳米陶瓷粉体综合实验

1846 年,法国化学家埃贝尔蒙(Ebelmen)发现正硅酸酯在空气中水解时会形成凝胶,从而开创了溶胶-凝胶(Sol-Gel)化学的新纪元。所谓溶胶-凝胶法是以金属烷氧化物为先驱体,通过这种先驱体的水解与缩醇化反应形成溶胶,最后通过缩聚反应形成凝胶制品的一种方法。这是一种制备金属氧化物材料的湿化学方法。由于该法在制备高分散性多组分材料(如多组分陶瓷、有机-无机杂化材料)方面所具有的独特的优点,溶胶-凝胶化学,特别是过渡金属醇盐的溶胶-凝胶化学受到研究人员的广泛重视。

一、实验目的

1)掌握溶胶-凝胶技术制备纳米陶瓷粉末的合成工艺。
2)了解 X 射线衍射对无机物的表征方法和应用。

二、实验原理

1.纳米材料的定义与特性

纳米材料是指构成材料的独立单元尺寸在 $1\sim100$ nm 范围内的新型材料,它与常规材料相比,纳米材料的比表面积大,具有高的表面效应与体积效应,而纳米块体材料则具备小尺寸效应、宏观量子效应及隧道效应等特殊的物理性能。综上,纳米材料有着优异的物理、化学性质以及优异的光、电、磁、力学特性和化学特性。

2.纳米粉的制备方法

纳米粉的制备方法有很多种,一般可分为物理法和化学法。物理法指利用特殊的粉碎技术将普通粉体粉碎到纳米尺寸。化学法指控制一定条件,从原子或分子成核,生成具有纳米尺寸和一定形状的粒子,包括固相法、液相法和气相法:

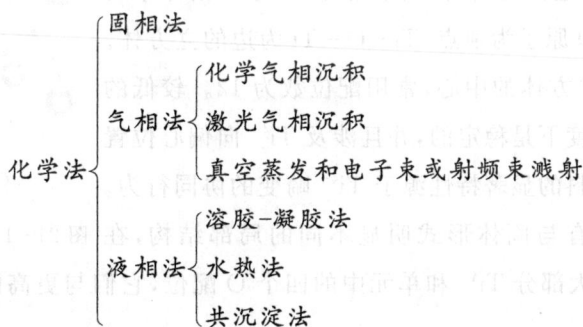

$$
\text{化学法}\begin{cases}
\text{固相法} \\
\text{气相法}\begin{cases}\text{化学气相沉积}\\\text{激光气相沉积}\\\text{真空蒸发和电子束或射频束溅射}\end{cases} \\
\text{液相法}\begin{cases}\text{溶胶-凝胶法}\\\text{水热法}\\\text{共沉淀法}\end{cases}
\end{cases}
$$

本实验采用溶胶-凝胶法制备纳米粉。

101

　　溶胶-凝胶法具有操作简单、不需要极端条件和复杂设备、适应性强等特点。在制备过程中由于各组分在溶液中能实现分子级混合,因此该法可制备出组分复杂但分布均匀的各种纳米粉,还可制备纤维、薄膜和复合材料。

　　溶胶-凝胶法原理:将一些易溶解的金属化合物(金属醇盐或无机盐)在某种有机溶剂中与水发生反应;经过水解与缩聚过程形成凝胶膜;再经过干燥、预烧热分解,除去凝胶中残余的有机物和水分;最后通过热处理形成所需要的纳米粉或晶态膜。例如钛酸丁酯和醋酸钡在冰醋酸的催化作用下,经过水解与缩聚过程形成 $BaTiO_3$ 凝胶,凝胶经干燥、热处理和研细即可得到结晶态 $BaTiO_3$ 粉体。

　　溶胶-凝胶法可分为电离溶胶-凝胶法和温度调节溶胶-凝胶法两类。电离溶胶-凝胶法是通过向溶液中加入适量的电解质,改变溶液的离子度,从而形成凝胶;温度调节溶胶-凝胶法是通过改变溶液的温度,以调节溶质的活性,使之形成网络结构。

　　溶胶-凝胶法主要用于研究聚合物材料的结构与性质之间的关系。针对表面特性及能改变的物质,可以通过电离溶胶-凝胶法改变它们的活性,调节它们的表观性质,实现智能材料的制备。此外,可以采用温度调节溶胶-凝胶法改变溶液的稳定性,从而调节溶质的构象结构,有效改变材料的性质。

　　在纳米材料的制备中,溶胶-凝胶法可以控制纳米材料的粒径、形貌及分布。结合溶胶-凝胶法与相变动力学技术,可以获得更多可控的纳米结构材料,用于光、电、磁、力学和热特性的研究,以及纳米材料的应用。

　　总之,溶胶-凝胶法是一种可以控制材料性质的技术,具有广泛的应用前景。研究人员在利用溶胶-凝胶法研究材料和体系时,充分考虑溶质、温度和其他因素,创建出新型的挑战性材料,加强对物质的理解,发掘和开发具有重要应用价值的新材料,是未来溶胶-凝胶法发展的重要方向。

　　$BaTiO_3$ 固体根据温度以五种多晶型存在。从高温到低温,这五种多晶型的晶体对称性依次是六方、立方、四方、正交和菱方晶体结构。除立方相外,其他相都表现出铁电效应。高温立方相最容易描述,它由规则的、共享角的 TiO_6 八面体单元组成,这些单元是以 O 原子为顶点、Ti - O - Ti 为边的立方体。在立方相,Ba^{2+} 位于立方体的中心,常用配位数为 12。较低的对称相位在较低的温度下是稳定的,并且涉及 Ti^{4+} 向偏心位置方向的移动。这种材料的显著特性源于 Ti^{4+} 畸变的协同行为。

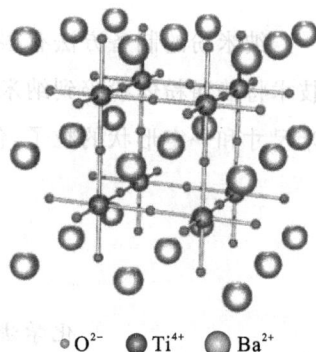

● O^{2-}　● Ti^{4+}　● Ba^{2+}

图 24 - 1　立方 $BaTiO_3$ 的结构

在熔点以上,液体具有与固体形式明显不同的局部结构,在 TiO_4 四面体单元中,大部分 Ti^{4+} 和单元中的四个 O 配位,它们与更高配位的单元共存,见图 24 - 1。

BaTiO₃ 是重要的电子材料,具有压电效应和铁电效应,用于制作陶瓷电容器、多层膜电容器、铁电存储器和压电换能器等。采用溶胶-凝胶法制备 BaTiO₃ 纳米粉的压电效应比普通 BaTiO₃ 的提高至少 2 倍,可用于麦克风和其他传感器。钛酸钡单晶在室温下的自发极化范围为 0.15(早期研究)~0.26(最近发表刊物)C/m²,其居里温度为 120~130 ℃。钛酸钡也可作为介电陶瓷用在电容器中,介电常数高达 7000。在较窄的温度范围内,介电常数最高可达 15000;大多数常见的陶瓷和聚合物材料的值小于 10,而其他材料,如二氧化钛,其值为 20~70。

三、实验材料与设备

1)磁力搅拌器、烧杯、氧化铝坩埚、箱式电阻炉、研钵、天平、干燥箱、X 射线衍射仪。

2)钛酸丁酯、无水醋酸钡、冰醋酸、蒸馏水。

四、实验内容

1)准确称取 1.275 g 醋酸钡,溶于装有 30 mL 冰醋酸的锥形瓶中,盖紧瓶塞,在 80 ℃水浴中搅拌直至完全溶解。

2)称取 16.9 g 钛酸丁酯,倒入醋酸钡溶液中,盖紧瓶塞,在常温下搅拌 1 h。然后打开瓶塞,在空气中静置 1 h。

3)将锥形瓶置于干燥箱中,温度调至 120℃,保温 12 h。

4)将干燥后的白色粉末倒入研钵中研磨至细粉末,然后将细粉末倒入坩埚,放入加热炉。在 800 ℃保温 2 h 后空冷,得到白色淡黄色固体,研细即可得到结晶态 BaTiO₃ 粉体。

5)纳米粉结构的表征。对纳米粉进行 X 射线衍射检测,对照标准谱图确定是否为结晶态(BaTiO₃ 室温下为四方结构,120 ℃以上转变为立方相),并计算平均粒径。BaTiO₃ 纳米粉的平均粒径的计算公式为

$$D = 0.9\lambda/\beta\cos\theta$$

式中:D 为粒径;λ 为 X 射线波长(Cu 靶 0.1542 nm);θ 为布拉格角度;β 为 θ 处衍射峰的半高宽。

由上式可知,θ 处衍射峰的半高宽与粒径成反比,当 β 增大时,粒径减小。

五、思考题

1)分析并确定 BaTiO₃ 纳米粉的晶态,并计算其平均粒径。

2)查阅资料,讨论纳米粉末的特性及其制备方法。

实验二十五　溶胶-凝胶法制备铁氧体材料综合实验

铁氧体是由以三价铁离子作为主要正离子成分的若干种氧化物组成,并呈现亚铁磁性或反铁磁性的材料。

铁氧体是一种非金属磁性材料,它由三氧化二铁和一种或几种其他金属氧化物(如氧化镍、氧化锌、氧化锰、氧化镁、氧化钡、氧化锶等)配制烧结而成。它的性质属于半导体,通常作为磁性介质应用,相对磁导率可高达几千,电阻率是金属的 1000 倍,涡流损耗小,适合于制作高频电磁器件,分硬磁、软磁、矩磁、旋磁和压磁五类。铁氧体磁性材料与金属或合金磁性材料之间最重要的区别在于导电性,通常铁氧体的电导率为 $10^2 \sim 10^8$ $\Omega \cdot cm$,而金属或合金的电导率为 $10^{-6} \sim 10^{-4}$ $\Omega \cdot cm$。

中国最早接触到的铁氧体是公元前 4 世纪发现的天然铁氧体,即磁铁矿(Fe_3O_4),古代所发明的指南针就是利用这种天然磁铁矿制成的。20 世纪 30 年代无线电技术的发展,迫切需要高频损耗小的铁磁性材料,而四氧化三铁的电阻率很低,不能满足这一需求。1933 年东京工业大学首先创制出含钴铁氧体的永磁材料,当时被称为磁石。1945 年荷兰飞利浦公司的斯诺克实验室(J. L. Snoek of the Phillips)才成功开发出尖晶石结构含锌软磁铁氧体并投入商业应用。开始人造软磁铁氧体的尺寸和形状都有很大限制,主要用来制作天线和电感,随着工艺的进步,软磁铁氧体的形状和尺寸限制越来越小,用途越来越广泛。第二次世界大战后,铁氧体被迅速广泛应用于无线电技术、雷达技术、计算机技术和磁记录技术中,大大促进了整个电子技术的发展。荷兰、德国、美国等国家领先研发铁氧体材料。在各国竞相研究铁氧体技术的过程中,最具实力的是以 TDK、FDK 等为首的公司。

一、实验目的

1)通过实验进一步熟悉溶胶-凝胶法制备纳米材料的基本原理、过程。

2)通过实验了解所制备具体材料的基本结构、性能及制备方法现状。

二、实验原理

1)金属材料具有磁性主要与原子磁矩、电子云分布、磁畴结构和晶体结构等因素有关,以下是具体解释:

(1)原子磁矩:金属原子中的电子绕核运动,会产生轨道磁矩,同时电子本身的自旋也会产生自旋磁矩。这两种磁矩的总和构成了原子的固有磁矩。在一些金属中,如铁、钴、镍等,其原子具有未成对电子,这些未成对电子的自旋磁矩不能相互抵消,使得原子具有较大的净磁矩,这是金属具有磁性的内在基础。

(2)电子云分布:金属原子之间通过化学键结合形成晶体时,原子的电子云分布会发生变化。相邻原子的电子云会发生重叠,这种重叠会影响电子的自旋状态和磁矩的相互作用。在铁磁性金属中,电子云的重叠使得原子磁矩能够自发地沿着某个方向排列,形成磁畴。

(3)磁畴结构:在没有外磁场作用时,金属内部的磁畴是随机取向的,各个磁畴的磁矩相互抵消,宏观上金属不表现出磁性。当施加外磁场时,磁畴会发生转动和生长,使得磁畴的方向逐渐与外磁场方向一致,从而使金属表现出宏观磁性。不同的金属材料,其磁畴的大小、形状和分布不同,这也会影响金属的磁性表现。

(4)晶体结构:金属的晶体结构对其磁性也有重要影响。晶体结构决定了原子的排列方式和原子间的距离,进而影响原子磁矩之间的相互作用。例如,在面心立方结构和体心立方结构的铁中,由于原子排列方式不同,其磁性也有所差异。体心立方结构的 α - Fe 具有铁磁性,而面心立方结构的 γ - Fe 在室温下则没有铁磁性。

此外,金属材料的磁性还会受到温度、应力等外界因素的影响。例如,当温度升高到某一特定值(居里温度)时,金属的磁性会发生显著变化,铁磁性会转变为顺磁性。

2)铁氧体是一种具有亚铁磁性的材料,其磁性原理主要基于以下几个方面:

(1)晶体结构:铁氧体具有尖晶石型、石榴石型、磁铅石型等多种晶体结构。以常见的尖晶石型铁氧体为例,其晶体结构中存在着不同的晶格位置,如 A 位和 B 位。金属离子分布在这些不同的位置上,形成特定的晶体场环境,这是铁氧体产生磁性的结构基础。

(2)离子磁矩:铁氧体通常由铁离子以及其他金属离子(如锰、锌、镍等)组成。这些金属离子具有未成对电子,因此具有固有磁矩。例如,铁离子(Fe^{3+})有 5 个未成对电子,具有较大的磁矩。不同金属离子的磁矩大小和方向不同,它们在晶体中相互作用,共同决定了铁氧体的磁性。

(3)超交换作用:在铁氧体中,相邻离子之间通过氧离子作为媒介发生超交换作用。具体来说,一个金属离子的电子云与氧离子的电子云重叠,氧离子又与另一个金属离子的电子云重叠,从而使得两个金属离子之间产生间接的磁相互作用。通过超交换作用,处于不同晶格位置的金属离子磁矩会按照特定的方式排列。在亚铁磁性铁氧体中,A 位和 B 位离子的磁矩方向相反,但由于 A 位和 B 位离子的磁矩大小不相等,所以材料整体呈现出净磁矩,表现出亚铁磁性。

(4)磁畴结构:在铁氧体中,由于超交换作用等因素,会形成许多微小的磁畴。每个磁畴内的原子磁矩都沿同一方向排列,呈现出较强的磁性。但在没有外磁场作用时,各个磁畴的方向是随机分布的,因此宏观上铁氧体不表现出磁性。当施加外磁场时,磁畴会发生转动和畴壁移动,使得磁畴的方向逐渐与外磁场方向一致,从而使铁氧体表现出宏观磁性。

由于铁氧体材料中氧离子与磁性离子之间的相对位置有很多种,彼此之间均有或多或少的超交换作用存在。研究表明,氧离子与金属离子间距离较近,而且磁性离子与氧离子间的夹角呈 180°左右时,超交换作用最强。铁氧体中磁性离子的排列方向,主要根据最强超交换作用的程度,因此铁氧体材料的磁性能不但与结晶结构有关,而且与磁性离子在晶体结构中的分布情况有关。改变铁氧体中磁性离子或非磁性离子的成分,可以改变磁性离子在晶体结构中的分布。此外,在铁氧体制备过程中,烧结的工艺条件也对磁性离子的分布有影响。因此,为了掌握铁氧体材料的基本特征,必须了解各种铁氧体的结晶结构、金属离子在晶体结构中的分布情况及如何改变它们的分布情况。

注:溶胶-凝胶法制备纳米材料的基本原理、过程,制备具体材料的基本结构、性能及制备方法现状等内容要求读者查阅资料独立完成。

三、实验材料与设备

1. 材料

硝酸钡,硝酸铁,柠檬酸,氨水,pH 试纸。

2. 设备

三口烧瓶,水浴槽,磁力搅拌器,干燥箱,箱式电阻炉,X 射线射仪,扫描电镜。

四、实验内容

基本配方:BaO：$Fe_2O_3 = 1$：6。

1)首先按上述配比配置一定量的混和硝酸盐溶液。

2)在一定量的混和硝酸盐溶液中按比例加入柠檬酸,使摩尔比 n(柠檬酸)：n(硝酸盐)$=3$：1,溶解混和均匀。

3)将上述混和溶液倒入三口烧瓶中,用氨水调溶液的 pH 值为 7.0 左右。然后在 75 ℃的水浴中加热,并搅拌,缓慢蒸发浓缩成黏稠的湿凝胶。

4)将上述的溶胶放入烘箱中,控制烘箱的温度在 135 ℃左右,待形成多孔状的干凝胶。

5)将干凝胶放在空气中点燃,发生自蔓延燃烧,研磨均匀。

6)取出部分燃烧后的粉末放入瓷坩埚中,并在烧结炉中加热至 900 ℃,保温 2 h 自然冷却,获得煅烧后的粉末。

7)在室温下测量样品的比饱和磁化强度(δ_s,A·m^2/kg)。

8)样品作 XRD 和 SEM 分析测试。

五、实验数据处理

要求描述实验过程中所观察到的具体现象,结合微观结构对测试结果作初步分析。

实验二十六　电池极片的制作与电池测量

传统锂离子电池主要由正极、负极、电解液、隔膜等组成，主要靠锂离子(Li^+)在正负极之间的定向移动实现电池的充放电。常用的电池正极材料包括磷酸铁锂、镍钴锰三元材料、镍钴铝三元材料，负极材料主要为天然和人造石墨，隔膜材料是主要以聚乙烯、聚丙烯为基材的涂覆膜，电解液体系主要是以碳酸乙烯酯、碳酸二甲(乙)酯等有机液为溶剂，以六氟磷酸锂等锂盐为溶质并具有特定功能的添加剂。目前，大部分磷酸铁锂电池能量密度在 200 W·h/kg 以下，三元锂电池能量密度在 200～300 W·h/kg，已接近当前电池电化学体系上限。

电池的分类方式有多种，根据电解液种类、工作性质和贮存方式、正负极材料等不同标准，电池可以分为以下几类：

1)按电解液种类划分：

碱性电池，电解质以氢氧化钾为主；

酸性电池，电解质以硫酸为主；

有机电解液电池，电解质以有机溶液为主。

2)按工作性质和贮存方式划分：

一次电池，即原电池或干电池，放电后不能再充电，如锌锰干电池、锂原电池等；

二次电池，即蓄电池或可充电池，充放电能反复多次循环使用，如铅酸蓄电池、镍氢电池、锂离子电池等；

燃料电池，活性材料在电池工作时连续不断地从外部加入电池，如氢氧燃料电池；

贮备电池，电池贮存时不直接接触电解液，直到电池使用时才加入电解液，如镁银电池。

3)按电池所用正负极材料划分：

锌系列电池，如锌锰电池、锌银电池等；

镍系列电池，如镉镍电池、氢镍电池等；

铅系列电池，如铅酸电池等；

锂系列电池，如锂离子电池、锂锰电池等；

二氧化锰系列电池，如锌锰电池、碱锰电池等；

空气(氧气)系列电池，如锌空电池等。

近十年来，世界范围内的能源需求日益增加，而传统的矿物燃料已日渐枯竭，人类的过度利用也导致了气候变化、大气污染等一系列问题。在这种情况下，发展可再生能源已成为应对日益严峻的能源危机与环境问题的重要战略。

钠离子电池是一项与传统锂离子电池相似的新型电池技术，它以钠离子为主要活性材料。钠是一种储量丰富的能源，且其价格低廉，在资源利用及价格上都有很大的优势。钠离子电池因其比容量高、循环稳定性好等优点,在大型储能领域有广阔的应用前景。

锌空电池是近年来受到广泛重视的一种新的电池技术。该技术采用锌、空气为电极,将氧化锌还原成锌离子,再放出电子,发电。由于锌储量丰富,价格便宜,所以锌空电池在成本上有很大的优势。在锌空电池中,空气是最主要的活性材料,而非作为氧化剂存储,因此具有比较高的能量密度。锌空电池极具发展潜力,应用于新能源汽车、便携式电子产品中。

一、实验目的

1)熟悉电池的分类方法、电池的主要结构组成及电极片的主要组成。

2)熟悉一次电池与二次电池的异同点,以及 IEC(International Electrotechnical Commission,国际电工委员会)规定的可充电电池的表示方法。

3)了解不同类型电池的使用领域,特别是充电电池最好用于哪些设备。

4)理解镍镉电池、镍氢电池和锂离子电池的电化学原理。

5)熟悉二次电池的主要性能,如额定容量、实际比容量、比功率、比能量、标称电压、开路电压、中点电压、终止电压等,以及 IEC 标准的循环寿命测试。

6)熟悉电池的标准充放电方式、涓流充电、充电效率、功率输出。

7)应用上述知识对组装的实验锂离子电池进行电化学容量测试、循环寿命的测试,并分析电池的充电态内阻与放电态的内阻。

二、实验原理

Arbin BT2000 测试仪是常用的电池测试系统,它的每一电流/电压输出通道都是一个四端恒电位仪和恒电流仪,使之能够在很宽的范围内用于电化学研究,包括需要参比电极的材料研究;每个通道都有多个电流范围,保证了很宽电流范围内的高精度;基本的控制模式包括双极电流和电压输出,保证了线性度和过零点精度,也可以由上升时间所定义的速度完成直接过零变换;电流/电压通道并联使用,允许使用者将几个 I/V 通道并联起来,以便增大电流输出;电压箝位,可防止电压过充/过放或少充/少放。结合配套 MTS Pro 软件,在计算机上对组装的锂离子实验电池进行恒电流充放电、恒电压充放电及电池循环寿命等主要程序的设置,测试并分析锂离子实验的电化学性能。

三、实验材料与设备

1)锂离子电池正极材料、黏结剂、导电剂、电解液、电池模具;

2)真空手套箱、烘箱、压样机、微型计算机、Arbin BT2000 测试仪。

四、实验内容

1)将活性物质、黏结剂、导电剂按一定的质量分数称量,研磨,混匀,涂敷于正极载流体上,烘干,压实后制成正极片。

2)将正极片、锂片、电解液及电池模具置于手套箱内,对手套箱进行真空充氩气处理后,组装锂离子实验电池。

3)熟悉 Arbin BT2000 测试仪的 MTS Pro 软件,编写不同的电化学性能测试程序,对电池进行电化学的性能测试并进行数据分析。

五、实验报告与要求

1)写出实验目的和内容。

2)设计测试电池电化学性能的主要程序。

3)计算出各个组装电池的正极活性物质质量。

4)画出被测试电池的时间-电流曲线、时间-电压曲线、时间-放电比容量曲线、时间-循环寿命曲线。

5)计算出各个组装电池的正极活性物质的实际比容量。

实验二十七　玻璃析晶实验

玻璃析晶指由于玻璃的内能较同组成的晶体高,所以玻璃处于介稳状态,在一定条件下存在着自发地析出晶体的倾向,这种出现晶体的现象叫作析晶,又称失透或反玻璃化。测定玻璃析晶性能就是指测定玻璃的析晶温度范围以及在该温度范围内玻璃的析晶程度,根据测定结果可以制订合理的熔制、成型和热加工工艺,从而避免析晶的产生,得到透明而理想的玻璃制品。

玻璃析晶主要受玻璃组成、玻璃结构、工艺、环境等因素的影响。

1)玻璃组成:玻璃主要由硅氧化物等多种氧化物组成,当玻璃中某些成分的含量比例不合适或存在杂质时,可能导致玻璃结构不稳定,从而在低温下发生析晶。一些特定的玻璃成分,如硼酸盐和磷酸盐等,会增加析晶的可能性。这是因为这些成分在高温条件下更容易形成晶体结构。因此,在制作玻璃时,需要注意控制这些成分的含量,以减小析晶的风险。

2)玻璃结构:玻璃的分子结构在高温下处于高能态,分子内聚力较弱,容易形成有序的晶态结构,从而产生析晶。

3)工艺:原料成分、配料称量、混料、冷却速度、加热温度、拉丝速度、温度、拉伸比等因素都会影响玻璃的析晶过程。温度是影响玻璃析晶的重要因素,当玻璃处于高温环境中,玻璃分子的运动速度会增加,更容易重新排列晶体结构。因此,高温环境是玻璃析晶的主要原因之一。此外,温度的变化也会影响玻璃析晶的速度,当玻璃经历了多次温度的变化,尤其是经历了高温和低温的交替,玻璃析晶的风险更大。

4)环境:湿度变化、与酸性或碱性物质接触、设备清洁不到位等都可能导致玻璃析晶。

此外,玻璃在高温下融化时,分子排列更无序,也容易产生析晶现象。

一、实验目的

了解玻璃的析晶现象和析晶条件,通过测定玻璃样品析晶的温度,研究该温度下恒温时间对析晶的影响。

二、实验原理

玻璃的析晶现象对硅酸盐工业有很大的意义。它的析晶能力与其化学成分、加热温度及在某一温度下的恒温时间等均有关系。

一般认为玻璃是一种过冷的液体,它具有熔体远程无序的结构特征。从热力学观点看,玻璃态物质的内能高于晶态物质,因而它的结构是亚稳相。但从动力学观点看,熔体冷却过程中黏度增加很快,以致质点扩散速度达不到形成晶格的速度是玻璃态物质形成的重要条件。

玻璃体处于热力学不稳定状态,因此总有向自由焓较低的结构状态变化的趋势,直至变成稳定的晶态。假如把玻璃加热到某一温度范围,并维持足够的时间,使之有动力学上的转化条件,那么玻璃中的质点就可能重作有序排列而出现析晶现象。

研究玻璃析晶的方法有以下两种:

1)强迫析晶法:将玻璃试样排列于长形的瓷舟中,在梯温炉内保温一定时间,然后取出急冷观察,即可得出玻璃样品的析晶温度范围和各温度下的结晶程度。

玻璃的析晶性能对其性质和用途有着重要影响。晶化度高的玻璃通常具有高的抗热性、机械强度和耐腐蚀性等性质,因此在工业生产中得到广泛应用。梯温炉法能够准确测定玻璃的晶化温度和晶化度,为玻璃的生产和应用提供了重要的参考依据。

2)淬火法:将玻璃试样置于高温炉内,在一定温度下恒温一定时间,然后取出急冷观察。在不同温度或不同恒温时间条件下,重复上述操作,即可得到玻璃试样析晶的规律。本实验采取了此方法。

三、实验材料与设备

1)温度梯度炉。

2)玻璃。

3)瓷舟。

4)培养皿。

5)显微镜。

四、实验内容

本实验玻璃析晶的仪器与装置如图 27-1 所示。

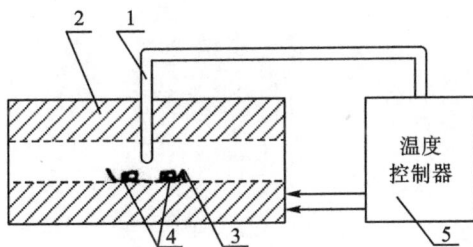

1—热电偶;2—高温炉(温度梯度炉);3—瓷舟;4—样品;5—可控硅温度控制器。

图 27-1 玻璃析晶热处理装置示意图

1)接通电源,调节可控硅温度控制器,以 10 ℃/min 的升温速度将高温炉的温度升至 1000 ℃。

2)取少量碎玻璃试样,用两块铂金片分别包好,并置于瓷舟的两端。然后将瓷舟送入高温炉中,其中的一端置于高温炉的中间(最高温度处)。在此之间应先测出两包试样间的距离,并查出两包试样所处的温度。

3)将试样送入高温炉之后,保温 45 min。然后取出试样投入冷水中急冷。
4)将淬冷的玻璃试样放入培养皿中,滴加氯苯以培养。用普通显微镜观察晶体的形状、大小及分布。

五、实验数据处理

本实验的数据处理就是记录在两个不同温度下,玻璃析晶的数量和晶粒的大小,从而讨论温度对玻璃析晶的影响。

六、思考题

1)玻璃析晶的热力学原理是什么?
2)玻璃析晶受哪两个速率控制?玻璃析晶在什么样的条件下才会明显产生?

实验二十八　电接触性能测试

在低压开关电器中，触点直接承担分断和接通电路并承载正常工作电流，或在一定的时间内承载过载电流的功能。各类电器的关键功能，如配电电器的通断能力，控制电器的电气寿命，继电器的可靠性，都取决于触点的工作性能和质量。同时，触点也是开关电器中最薄弱的环节和容易出故障的部分。一旦触点系统不能正常工作，将导致整个元器件失效。

一、实验目的

1)掌握触点材料在电弧烧蚀过程中的行为变化、熔池的产生、接触过程中溶液的喷溅及物质转移等现象的发生。

2)了解电接触性能测试装置的工作原理及使用方法。

3)测试触点元件的温升和接触电阻随烧蚀次数的变化趋势。

二、实验原理

触点在电器元件中起到至关重要的作用，因而对触点材料的物理化学等性质及电接触性能都有着严格的要求。同时，接触电阻和温升是表征触点元件性能好坏的两个最基本的性能指标。

1. 接触电阻

接触电阻是一对触点元件接通电流时产生的电阻，它是触点材料最基本的电性能参数。接触电阻主要与材料电阻率、硬度、表面形貌和表面的氧化膜或者其他生成膜有关。理论接触电阻可用下式计算：

$$R_c = \rho \sqrt{\frac{\pi H}{4F}} \qquad (28-1)$$

式中：H 为维氏硬度；F 为接触力。

任何固体材料表面无论经过怎样的抛光加工，在微观尺度上总由凹凸不平的峰和谷组成。当对两个固体施加压力使其表面接触时，实际发生接触的是一些不连续的接触点。当电流经接触界面传输时，由界面产生的额外电阻称为接触电阻 R_c。实际上的接触电阻通常包括两部分，一个是电流通过很多分散开的导电斑点致使电流收缩产生的收缩电阻 R_e（两个彼此接触面都会产生收缩电阻），另一个是接触区域因覆盖着表面膜而产生的电阻 R_f。

所以接触电阻也可以由下式表示：

$$R_c = R_e + R_f \qquad (28-2)$$

式中：R_c 为接触电阻；R_e 为收缩电阻；R_f 为表面膜电阻。

金属表面是粗糙的，触点材料受机械负载的影响产生的微观形变不大，只有个别的接触点能实现接触。接触点的尺寸、数量和形状都和材料本身的性能有关,如图 28-1 所示。

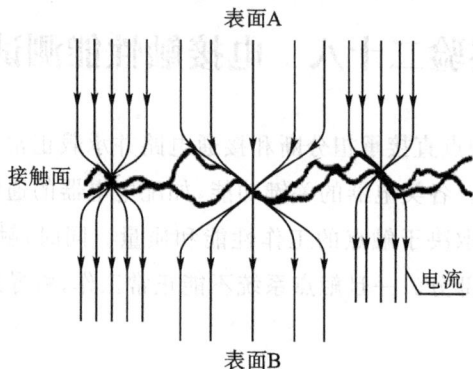

图 28-1 电流收缩

根据霍尔姆(Holm)公式,只有一个点接触时的收缩电阻为

$$R_e = \frac{\rho}{2a} \tag{28-3}$$

式中:a 为接触点的半径,m;ρ 为触点材料的电阻率,$\mu\Omega \cdot cm$。

由金属氧化层形成的表面膜能改变触点表面的性质,这种膜对接触电阻产生明显的影响。如图 28-2 所示。如果这层氧化膜不导电(如 CuO、Cu_2O 等),那么表面膜电阻值就会迅速增大。

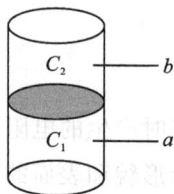

图 28-2 圆柱体接触面

通过上述对接触电阻的分析可知,主要有以下两个方面影响接触电阻:接触压力、电流和电压。

1)接触压力。

从式(28-3)可以知道,接触电阻和接触压力的关系主要有:接触压力使触点材料发生塑性变形,有效接触面积增大,收缩电阻减小。提高接触压力还可以破坏表面膜,导致触点材料表面膜电阻减小。所以,提高接触压力对于减小接触电阻是非常有利的。

2)电流和电压。

触点材料服役时的工作电流对接触电阻的影响主要表现为电流的热效应对接触电阻的影响:金属基复合材料的电阻率随温度的升高而增大,但是当温度达到材料的软化甚至熔化温度时,触点发生熔焊失效。工作电压对触点材料接触电阻的影响主要表现为提高工作电压,可能会使触点表面膜击穿。另外,触点材料工作时的温度、湿度、粉尘都会对接触电阻产生不良影响。

2. 温升

温升是由于接触电阻在通电过程中由于焦耳热效应引起的局部区域温度升高。温升现象不仅导致两触点熔焊在一起,而且在两触点分离时,触点表面形成突起的数量增大,引起接触表面的不平整,使得接触斑点数目大量减少,即增加了收缩电阻。对于铜基触点来说,触点表面受热氧化而形成不导电氧化物,氧化层积聚到一定程度将会导致触点失效。因此,温升指标作为高性能触点材料的主要性能指标之一,如何降低温升效应已成为各国触点材料研究的热点。

材料的温升效应,不仅与抗氧化性能有关,还与导热性能有关。热传导和电流传导都遵循相似的定律。热流受温度梯度的驱动传导,而电流通过电势差驱动传导。所以在对称的电接触配对中,热流与电流传导经过的路径是相同的,等温面与等电势面也保持一致。电压与温差的关系称作 $\varPhi\text{-}\varTheta$ 关系,最早在 1900 年被科尔劳施(Kohlrausch)发现并作为他测量热导率的基础。迪塞尔霍斯特(Diesselhosrt)的研究为 $\varPhi\text{-}\varTheta$ 关系提供了重要的证据,接触界面的电压降与温度的关系可用公式(28-4)表示:

$$V = \sqrt{2\int_{T_1}^{T_m} \kappa_1\rho_1 \mathrm{d}T} + \sqrt{2\int_{T_2}^{T_m} \kappa_2\rho_2 \mathrm{d}T} \tag{28-4}$$

式中:κ 和 ρ 分别为导体的热导率和电导率,且它们随着温度的变化而变化;下标 1 和 2 表示不同的接触导体;T_1 和 T_2 指接触基体温度;T_m 指电接触导致的界面最高温度。由于电流限制在 a 斑点内传输,所以最高温度 T_m 出现在 a 斑点内或近邻域内。对于相同金属接触,$\varPhi\text{-}\varTheta$ 关系变为

$$V = 2\sqrt{2\int_{T_1}^{T_m} \kappa\rho \mathrm{d}T} \tag{28-5}$$

在 κ 和 ρ 随温度变化很小的温度范围内,公式(28-5)就变成著名的电压-温度($V\text{-}T$)关系式:

$$T_m - T_1 = \frac{V^2}{8\kappa\rho} \tag{28-6}$$

$(T_m - T_1)$ 定义为接触温升(contact temperaturerise),即 a 斑点温度与基体温度之差。公式(28-6)只适用于 κ 和 ρ 随温度变化很小的温度范围,如果温升达到几十度,就需要考虑温度对材料性质的影响。一般材料热导率和电导率随温度的变化可用下列公式表示:

$$\kappa = \kappa_0(1 - \beta T) \tag{28-6a}$$

$$\rho = \rho_0(1 + \alpha T) \tag{28-6b}$$

式中:下标 0 表示 0 ℃时的热导率和电导率;β 和 α 分别为热导率和电导率的温度系数。考虑温度变化对 κ 和 ρ 的影响,从式(28-5)可得到新的 $V\text{-}T$ 关系式:

$$V^2 = 8\kappa_0\rho_0\left[(T_m - T_1) + \frac{(\alpha - \beta)(T_m^2 - T_1^2)}{2} - \frac{\alpha\beta(T_m^3 - T_1^3)}{3}\right] \tag{28-7}$$

总之,触点材料应具有如下特性:

高电导率:在保证触点在电弧烧蚀过程中以及持续加载电流过程中保持良好的导电性。

高热传导性:以便电弧或焦耳热源产生的热量尽快传导给样品底座或者周围环境。

高比热容及熔化、气化和分解过程中的高相变潜热:可吸收燃弧和焦耳热源引起的热量。

高熔点:降低燃弧的趋势。

三、实验仪器

电接触性能测试装置可以测试触点的电性能,包括接触电阻和温升。该装置能模拟交流接触器的开断动作,使用该装置测量电性能时,样品装卸方便,测试回路和检测回路互不干扰,可以保证测试结果的精度和数据稳定性。

触点动作装置的示意图如图 28-3 所示。固定支架上端设置有压力传感器,该传感器通过绝缘连杆连接上样品支座,该支座上夹持有静触点样品;固定支架中下部设置有液压伺服系统,该系统的液压杆通过绝缘连杆连接下样品支座,该支座夹持动触点样品;所述的上样品支座和下样品支座分别引出上导线和下导线,上导线和下导线外接 220 V 的电源和变阻箱,构成电弧烧蚀回路。

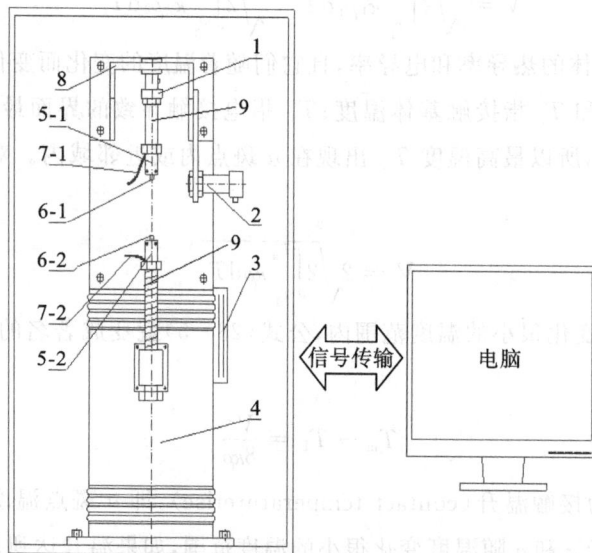

1—压力传感器;2—温度传感器;3—位置传感器;4—液压伺服系统;5-1,5-2—上、下样品支座;
6-1,6-2—动、静触点样品;7-1,7-2—上、下外连接导线;8—固定支架;9—绝缘连杆。

图 28-3 电弧烧蚀示意图

触点动作模拟装置可以模拟触点的开断、闭合操作,它主要由模拟操作台、电伺服液压机、功率放大器电路、电脑组成。模拟操作台上固定有位置传感器,静触点安装在拉压力传感器顶杆上,而拉压力传感器安装在位置传感器的滑动块上,调节滑动块的位置就可以改变触点开距。动触头固定在与电伺服液压机相连的顶杆上,控制电伺服液压机上下动作就可以模拟触点的开断、闭合操作。

1)电弧烧蚀试验:电弧烧蚀试验是往复运动的触点,以一定的压力去接触电极,从而形成闭环回路,回路供电 220 V,每次接触会有电弧产生。接触力在 0~10 N 范围内可调。

2)接触电阻值测量:完成阶段性的电弧烧蚀试验后,需要静态测量动静触点之间的接触电阻,电阻值约几毫欧,测量结果记录到数据库。接触电阻测量和电弧烧蚀试验的回路是隔离开的两个回路,通过控制系统实现,不能同时导通。PLC 控制系统通过 RS232 通信的方式控制测量和采集数据。

3)压力值测量:电弧烧蚀试验,需要控制触点接触时的压力,接触力要达到设定的值,才认为每一次的接触是同等条件。压力值由压力传感器测量,输出 4~20 mA 的信号到 PLC 系统,实时测量接触力,确保每次接触时接触力达到设定值。压力峰值达到设定值时,无需保持,触点马上返回。需要记录压力峰值。

4)温度测量:电弧烧蚀试验完成后,先测量触点的初始温度并记录。两触点接触并施加一定的电流值(可设定)并保持一段时间(可设定),再次测量触点的温度并记录到数据库。温度由非接触式测温感应头和温控器来完成测量。数据通过 4~20 mA 信号或通过 RS232 采集到 PLC 系统。

四、实验内容

1)打开软件,点击运行,进入操作界面。
2)输入电弧烧蚀参数;烧蚀次数、温升测试时间、接触压力等。
3)点击实验按钮,开始实验。

五、注意事项

1)安装样品时,必须断电。
2)安装好样品后检查线路。
3)小心烫伤。

六、思考题

1)接触电阻是如何产生的?
2)接触电阻为什么不恒定?

实验二十九　真空电弧的高速摄影观察

一、实验目的

1）掌握高速摄影的构造、原理、用途和基本使用方法。

2）进一步了解真空电弧的引发、特性以及真空开关的构造。

3）进一步了解真空的获得和测量。

4）进一步分析材料的显微组织结构和成分对真空电弧特性的影响。

二、实验原理

1. PhantomV9 高速摄影系统的特性

Phantom 系列高速摄像机是真正的第二代高速数字摄像机。Phantom 利用其最新的 SR－CMOS 技术建立了一个新的品质标准。除了汽车安全和碰撞试验外，Phantom 还广泛应用于故障诊断、产品开发研究以及国防系统评估等方面。只要将高速摄像机对准快速运动的物体进行拍摄，便能捕捉到人眼所看不到的物体动态过程。如武器爆炸瞬间、物体破碎过程、人体运动机理变化等。

PhantomV9 高速摄影系统的特性：

1）最高的分辨率：$1632 \times 1200@1019p/s$。

2）高速内存：3GB，全幅图像 1.6。

3）最高拍摄速率：$144175p/s@48 \times 16$。

4）最小曝光时间：$2\ \mu s$。

5）彩色 30 位分辨率。

6）高灵敏度：600ISO/ASA。

7）1000 Mbit/s 以太网控制及图像下载。

2. 摄影镜头的选择

按镜头的焦距或视场角来分类，把镜头分成标准镜头、短焦距（广角）镜头、长焦距（望远）镜头三类。

标准镜头的焦距和底片画幅的对角线长度基本相等。其视场角虽仍有大小差别（一般在 $45°\sim55°$），但接近人眼。因此用标准镜头拍摄的照片，其画面景物的透视关系比较符合人们的视觉习惯。由于标准镜头的焦距、视场角、拍摄范围、景深，以及在相同拍摄距离上所获得的影像尺寸等均比较适中，因而这种镜头应用最广泛，最适合拍摄人像、风光、生活等各种照片。

广角镜头就是短焦距镜头,其特点是焦距短、视场角大、拍摄景物范围广。在环境狭窄无法增加距离的情况下,使用广角镜头可以扩大拍摄视野,在有限距离范围内拍摄出全景或大场面的照片。广角镜头还具有超比例地渲染近大、远小的特点,有夸张前景的作用。在摄影中可充分利用其所创造的特殊透视关系,来夸大景物的纵深感,突出所强调的主体部分。广角镜头的焦距较短,景深较长,拍出的照片远近都很清晰。

中焦距镜头属于长焦距镜头一类,中焦距镜头的焦距约为标准镜头焦距的两倍,长焦距镜头其焦距则更长一些。其共同的特点是:焦距长,视场角小,在底片上成像大。所以在同一距离上能拍得比标准镜头更大的影像,适合在远处拍摄人物或动物的活动,拍摄一些不便于靠近的物体。由于中、长焦距镜头的景深范围比标准镜头小,利用此特性有利于虚化对焦主体前后杂乱的背景,而且被摄主体与照相机一般相距比较远,主景的透视方面出现的变形较小。因为长焦镜头的镜筒较长,质量大,价格相对来说也比较贵,而且其景深比较小,在实际使用中较难对准焦点,因此常用作专业摄影。

按镜头的聚光能力分为强透光力镜头、正常透光力镜头、弱透光力镜头,照相物镜其相对孔径的大小应达到 1:2.8 以上;强透光力镜头,1:3.5～1:5.8;正常透光力镜头,1:6.3～1:9;弱透光力镜头,小于 1:9。

按镜头的焦距能否变化,又可分为定焦镜头和变焦镜头两类。由于光学设计水平、光学玻璃熔制技术的迅速提高,手头比较富有的摄影爱好者已有可能选用焦距可在一定范围内改变而保持像面不动的光学系统。这种在一定范围内可以变换焦距值从而得到不同宽窄的视场角、不同大小的影像和不同景物范围的照相机镜头称为变焦距照相物镜,简称变焦镜头。变焦镜头在不改变拍摄距离的情况下,可以通过变动焦距来改变拍摄范围,因此非常有利于画面构图。

变焦镜头根据变焦方式的不同,又可分为单环式和双环式两种。单环式变焦距镜头,变焦和调焦使用同一拔环,推拉它变焦,转动它调焦;优点是操作简便、迅速。双环式变焦距镜头,变焦距和调焦面各用一个环,分别进行;优点是变焦和调焦两者互不干扰,精度较高,但操作比较麻烦。

在目前市面上的镜头中,有些在镜头前圈上还标有"Micro"字样,意为可作微距摄影,也可作超近摄影。

3. 真空的获得和测量

人们通常把能够从密闭容器中排出气体或使容器中的气体分子数目不断减少的设备称为真空获得设备或真空泵。目前在真空技术中,采用各种不同的方法,已经能够获得和测量从大气压力 10^5 Pa 到 10^{-13} Pa,宽达 18 个数量级的压力范围。显然,只用一种真空泵获得这样宽的低压空间的气体状态是十分困难的。

目前用以获得真空的技术方法有两种,一种是通过某机器的运动把气体直接从密闭容器中排出;另一种是通过物理、化学等方法将气体分子吸附或冷凝在低温表面上。利用这两种方法所制造的各种真空泵种类较多,分类方法各异。

按真空泵的工作原理,真空泵基本上可以分为两种类型,即气体传输泵和气体捕集泵。随着真空应用技术在生产和科学研究领域中的应用压强范围越来越宽,大多需要由几种真空泵组成真空抽气系统共同抽气后才能满足生产和科学研究过程的要求,因此选用不同类型真空泵组成的真空抽气机组进行抽气的情况较多(见表29-1)。

表29-1　常用真空泵的工作压强范围及起动压强

真空泵种类	工作压强范围/Pa	起动压强/Pa
活塞式真空泵	$1 \times 10^5 \sim 1.3 \times 10^2$	1×10^5
旋片式真空泵	$1 \times 10^5 \sim 6.7 \times 10^{-1}$	1×10^5
水环式真空泵	$1 \times 10^5 \sim 2.7 \times 10^3$	1×10^5
罗茨真空泵	$1.3 \times 10^3 \sim 1.3$	1.3×10^3
涡轮分子泵	$1.3 \sim 1.3 \times 10^{-5}$	1.3
水蒸气喷射泵	$1 \times 10^5 \sim 1.3 \times 10^{-1}$	1×10^5
油扩散泵	$1.3 \times 10^{-2} \sim 1.3 \times 10^{-7}$	1×10^5
分子筛吸附泵	$1 \times 10^5 \sim 1.3 \times 10^{-1}$	1.3×10
溅射离子泵	$1.3 \times 10^{-3} \sim 1.3 \times 10^{-9}$	6.7×10^{-1}
钛升华泵	$1.3 \times 10^{-2} \sim 1.3 \times 10^{-9}$	1.3×10^{-2}

真空测量是真空技术中的一个重要组成部分,用于测量真空度的仪器称为真空计,常用的真空计有热偶真空计、电离真空计。

热偶真空计由敏感元件、热偶规管和测量仪器组成。热偶规管与被测真空系统相通,外壳为玻璃管,管内有加热丝和热偶丝。热电偶丝的冷端和热端温度不同时,由于温差效应,在回路中有热电势产生。如加热丝电压保持恒定,则热电偶丝的电势取决于加热丝的温度,而加热丝的温度与被测气体的压强有关,压强低,气体热导率小,被气体带走的热量少,加热丝温度升高,热电偶丝的热电势增大;反之,则热电势减少。回路中的热电势用毫伏表测量,表中的毫伏数值即反映出真空度的高低。为了保证加热丝的电压稳定,电路中还接入了稳压电源。所以测量仪器是由测量热电势的毫伏表、规管加热丝和稳压电源三部分组成。

电离真空计主要用于测量高真空度。在低压强气体中,气体分子被电离生成的正离子数与气体压强成正比。电离产生的方法有很多种,利用热阴极发射电子使气体电离的真空计叫热阴极电离真空计,测量仪器由规管工作电源、发射电流稳压器、离子流测量放大器等部分组成。热阴极电离规管管内有阴极、栅极和收集极。当电离规管通电加热后,阴极发射电子,在电子到达栅极的过程中,与气体分子碰撞而产生正离子和电子。当发射电流一定时,正离子数目与被测气体压强成正比。正离子被收集后,经测量电路放大,可由指示电表读出所要测量的真空度。

通常,对低真空和高真空的测量不能用一种真空计来完成,而应采用复合真空计,应用较多的是电离与热偶式复合真空计,复合真空计附有一个热偶规管、一个电离规管,分别接在真空系统上。

4. 显微组织结构和成分对真空电弧特性的影响

真空电弧广泛应用于真空开关、真空断路器或者真空冶金设备等。真空电弧的特性是这些设备性能的决定因素。一般来说,真空电弧的基本特性包括电弧稳定性、电弧电压、电弧腐蚀速率、截流值等。阴极斑点是在阴极表面进行不规则运动的小亮点,该处温度高,电流密度大,包括阴极表面上一个温度远远高于阴极熔点的区域和阴极前的等离子球,它提供维持真空电弧所必须的蒸汽,同时也是电子从阴极进入阳极的通道。

随着研究手段的不断改进和新研究方法的应用,人们对阴极斑点的认识不断深入。最具代表性的方法有两种:一是使用高速摄影设备拍摄阴极斑点的纹影和高速分幅摄影照片;二是使用光学和电子显微镜对经不同时间和电流、真空电弧烧蚀后阴极表面留下的灼痕进行研究。

影响真空电弧和阴极斑点特性的因素很多,如电极材料的表面状况、电极的形状、外部磁场的大小、真空间隙的大小和真空度等,但是决定真空电弧和阴极斑点特性最主要的因素还是电极材料本身的性能,如金属本身的物理性质、阴极材料的显微组织等。通过观察铜铬合金首次击穿后的灼坑和灼痕,发现 Cr 相的耐电压强度低于 Cu 相,这与此前人们一直认为材料的真空耐电压强度随材料的硬度增大而增大的观点相矛盾,主要原因就是此前的研究对象为纯金属,没有考虑显微组织的因素,所以这个观点不适用于合金材料。当 W、Ni 作为添加剂加入铅铬合金中可以提高 Cr 相的耐电压强度。阴极斑点的运动速度随着晶粒的细化而增大。

这表明材料的显微尺寸对阴极斑点的大小、分布和运动速度等参数有重要的影响。研究结果表明:纳米晶铜铬合金和常规铜铬触头材料的耐电压强度相当;在不同的电路条件下,纳米晶铜铬 25 和铜铬 50 合金的截流值分别比相应的常规合金最大可降低 36% 和 33%,纳米晶铜铬 25 和铜铬 50 合金的电弧腐蚀速率比常规合金分别降低了 4% 和 20%。因此,当铜铬触头合金的晶粒尺寸为纳米级时,其真空电弧的特性得到全面优化,为发展新一代触头材料提供可靠的依据。常规铜铬电极表面的阴极斑点主要集中在 Cr 相上,除了少数阴极斑点在电极表面呈现为准连续运动外,一般均表现为跳跃式的,每次运动的距离大于阴极斑点的半径,呈现典型的随机运动特征。而纳米晶铜铬合金表面的阴极斑点均匀发生在电极表面,其运动方式主要表现为准连续运动,每次运动的距离为阴极斑点半径。

三、实验材料与设备

1)抛光的无氧纯铜、常规铜铬合金、纳米铜铬合金。

2)高速摄影系统及镜头。

3)超高真空电弧观测平台。

本实验的装置示意图如图 29-1 所示。

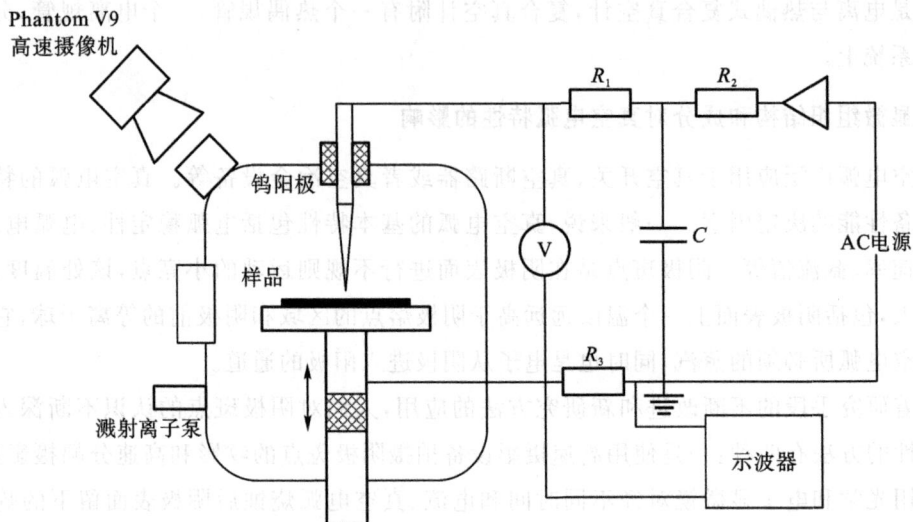

图 29-1 高速摄影装置示意图

四、实验内容

1)学习高速摄影和摄影镜头的有关基本知识。

2)学习超高真空电弧观测平台的结构,了解超高真空的获得过程。

3)任选一个具有典型意义的实验材料,观察真空电弧的特征,并分析原因。

4)讨论材料显微组织结构和成分对真空电弧特性的影响。

五、实验报告要求

1)写出实验的目的和意义。

2)画出实验过程示意图,说明实验的过程。

3)对选定的样品,描述真空电弧的特征。

4)说明材料的显微组织结构和成分对真空电弧特性的影响。

实验三十 静电纺丝制备铁酸钴纳米纤维

一、实验目的

1）了解静电纺丝技术。
2）观察静电纺丝过程和纳米纤维形貌。
3）用静电纺丝法制备出铁酸钴纳米纤维。

二、实验原理

1. $CoFe_2O_4$ 铁氧体结构

在晶体结构上，铁的氧化物简称铁氧体，属于离子型晶体，含有磁矩金属离子并被非金属离子所包围，但与铁磁性物质不同的是，其相邻离子磁矩是反向平行排列的，因此在整个晶体看来，方向相反的磁矩之间相互抵消，分子磁矩由剩下的阳离子磁矩决定，其存在自发磁化，磁性与铁磁性相类似，这样的物质被称为亚铁磁性物质。$CoFe_2O_4$ 材料属于 AB_2O_4 类型的材料，方铁磁氧化物，具有反尖晶石结构，和 $MgFe_2O_4$、$MnFe_2O_4$ 和 $ZnFe_2O_4$ 一样，被归于亚铁磁性铁氧体。因为其特殊的阳离子占据方式，使得样品拥有很多显著的物理特性，如很高的矫顽力、稳定的饱和磁化率以及显著的化学稳定性和机械硬度，在电子器件、微波设备、磁光记录、核磁共振成像等领域具有很大的应用前景。

尖晶石结构的一个晶胞可以分为八个体积相同的小立方体，离子在每个小立方体的占据方式和分布情况完全相同。相邻的小立方体的氧离子又可以组合成一个面心立方结构，图 30-1 中表示的是尖晶石结构的立方晶胞。从图中也可以看出，每个二价阳离子处于四个氧离子所处的四面体的体心位置，每个三价阳离子处于 6 个氧离子组成的八面体的体心位置。每个氧离子有 4 个邻近离子。其中 3 个是三价阳离子(16c)，1 个是二价阳离子(8f)，这就是典型正尖晶石结构的主要特征。X 表示为二价金属离子，如 Mn、Co、Cu、Ni、Mg、Fe 元素的二价阳离子。晶体结构属于立方晶系，空间群为 O_h^7(F3m)。每个晶胞由 8 个分子组成，其中包含 24 个金属离子和 32 个氧离子。在氧离子构成的面心立方结构中，二价阳离子 X^{2+} 和三价阳离子 Fe^{3+} 占据空隙位置，其中二价阳离子 X^{2+} 占据四面体的威科夫(Wyckoff)位，也被称为 A 位，也就是四面体中心，三价阳离子 Fe^{3+} 占据八面体中特殊的威科夫位，也被称为 B 位，即八面体中心。在各氧离子密堆积构成的面心立方晶格中，有两种间隙：四面体间隙和八面体间隙。四面体间隙较小，只能填充尺寸较小的金属离子；八面体间隙较大，可填充尺寸较大的金属离子。

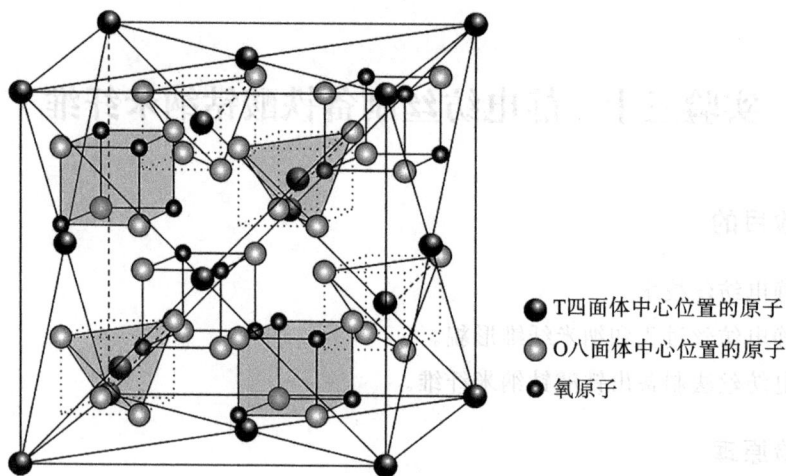

图 30-1　尖晶石结构立方晶胞

　　然而在铁氧体中,通常会出现这样的情况,有的晶格的构架与正尖晶石相同,而二价阳离子和三价阳离子的占据方式不同。例如,很多情况下 Fe^{3+} 占据八面体中心,二价阳离子如 Ni^{2+}、Co^{2+} 和 Fe^{3+} 共同占据四面体中心位置,鉴于这与上述提到的正尖晶石的情况相反,这类晶体结构类型被称为反尖晶石结构。除了 Fe 元素之外,其他离子占据八面体中心或者四面体中心位置并不是随机的,而是有选择规律的,这个规律取决于该金属离子的离子半径,离子间的库仑作用力,以及库仑能、场效应等因素的共同作用。这里尤其强调的是金属离子择优占据晶体结构的位置有很大一部分是受到稳定性的影响。根据实验规律,优先占据八面体中心位置的金属离子的排序:Zn^{2+}、Cd^{2+}、Ga^{2+}、In^{2+}、Mn^{2+}、Fe^{3+}、Mn^{3+}、Fe^{2+}、Mg^{2+}、Cu^{2+}、Co^{2+}、Ti^{4+}、Ni^{2+}、Cr^{2+}。当温度超过一定值时,所有金属离子的分布趋向于混合尖晶石结构。按照上面所说的排序依据,八面体中心的位置为 Co^{2+} 离子。

2. 静电纺丝

　　纳米量级一般指的是尺度范围。纳米科技的发展,将会给材料科学与工程带来新的观念。纳米纤维主要包括两个概念:一是严格意义上的纳米纤维,是指纤维直径范围在 100 nm 之内的纤维;另一概念是将纳米粒子填充到纤维中,对纤维进行改性。纳米纤维按获取途径可以分为天然和人造纳米纤维,后者是目前国内外发展的热点。采用性能不同的纳米颗粒,可开发阻燃、抗菌、抗静电、防紫外线、抗电磁屏蔽等各种功能性的纤维。一维纳米材料,由于其较大的比表面积和表面积-体积比所表现出的特殊性能,如表面效应、小尺寸效应、量子尺寸效应、宏观量子隧道效应,日益受到科学家们的重视。

　　国内外已有很多制备纳米纤维的方法,如溶剂法、模板法、气相-液相-固相生长法、抽丝法、静电纺丝法等。相比而言,静电纺丝法是制备纳米纤维最为常见的制备技术,静电纺丝法可制备出长径比大、直径均匀、产量高的纳米纤维,且方法简单易行,成本低廉,工艺可控,对产品及环境无污染。

图 30 - 2 为静电纺丝技术的设备简图,它主要包括三部分:高压装置、喷丝装置和收集装置。

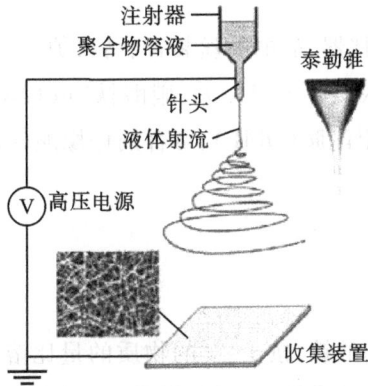

图 30 - 2　静电纺丝原理图

在静电纺丝工艺中,聚合物溶液或溶体被加上几千至几万伏的高压静电,从而在毛细管和接地的接收装置间产生一个强大的电场力。电场力施加于液体的表面而产生电流,利用同种电荷相斥的特性使得电场力与液体的表面张力方向相反。当电场力的大小等于高分子溶液或溶体的表面张力时,带电液滴就悬挂在毛细管的末端并处在平衡状态。随着电场力的增大,毛细管末端呈半球状的液滴在电场力的作用下将被拉伸成圆锥状,形成泰勒锥。当外加静电压增大且超过临界值时,聚合物溶液所受电场力将克服其本身的表面张力和黏滞力而形成喷射细流。喷射细流在几十毫秒内被牵引千万倍,沿不稳定的螺旋轨迹弯曲运动(“鞭动”),随着溶剂挥发,射流固化形成微米至纳米级超细纤维,以无序状排列在收集装置上,形成类似无纺布状的纤维毡。后续可以对纤维再进行处理,将溶胶-凝胶去掉。

静电纺丝法制备的纳米纤维形貌性质易受工艺参数的影响,可以通过不同的工艺参数指标制备出形貌性质不同的纤维,主要影响纤维形貌性质的工艺参数有以下几点:

1)聚合物指标。不同种类的聚合物都可适用于静电纺丝,如有机物、合成高分子聚合物、天然高分子聚合物、无机物,以及其不同的黏度与表面张力都可以得到不同形貌性质的纤维。

2)溶剂指标。溶剂的性质与挥发性对纤维形成过程、结构功能都有很大的影响。

3)纺丝电压。纺丝前驱液通过高静电力的牵引形成纳米纤维,若体系电压增大,静电力越强,纤维直径越小。

4)环境指标。整个装置外部环境的温度与湿度,影响着分子运动速度、挥发速率,使纤维在到达接收装置之前迅速挥发凝固,从而形成较小直径的纤维。同时纺丝喷嘴与接收装置的距离也能达到这一目的,同样对纤维的形貌有着较大的影响。

通过调节静电纺丝装置或纺丝工艺参数能得到多维、定向排列、芯壳结构、多孔、多通道等的纳米纤维,由于纳米材料的尺寸效应,形貌不同也可控制材料改性静电纺丝法的过程,制备出的纳米纤维直径小、比表面积大,被广泛应用于国防、增强材料、过滤性材料、生物材料和电子材料等领域。

三、实验材料与设备

1）实验设备：烧杯、磁力搅拌器、静电纺丝装置、马弗炉。

2）实验材料：硝酸钴$[Co(NO_3)_2 \cdot 6H_2O]$、硝酸铁$[Fe(NO_3)_3 \cdot 9H_2O]$、聚乙烯吡咯烷酮（PVP，K90）、乙醇与二甲基甲酰胺（DMF）、络合剂柠檬酸（$C_6H_8O_7$）。

四、实验内容

1. 前驱体溶液制备

1）称取一定量的硝酸钴、硝酸铁，按1：2的物质的量比溶于去离子水和无水乙醇1：1的混合溶液中，加入适量络合剂柠檬酸、二甲基甲酰胺，磁力搅拌6 h，过滤，静置24 h。

2）称取2.3 g聚乙烯吡咯烷酮，加入10 mL无水乙醇溶液，在室温下磁力搅拌至混合溶液呈淡黄色透明液体。

3）量取已配置好的金属离子溶液0.9 mL，将0.9 mL金属离子溶液加入聚乙烯吡咯烷酮/无水乙醇溶液中，室温下磁力搅拌2 h，形成复合纤维的前驱体溶液，即纺丝前驱体溶液。

2. 静电纺丝过程

1）选择良好的制备环境，可以用除湿机调节制备环境中的湿度。

2）将配置好的纺丝前驱液装入针头直径为0.5 mm的10 mL注射器中，电源的正极接注射器的针头处（针头为不锈钢材质），负极接到接收板上，同时接收板接地。控制流速为1 mL/h。

3）实验接收装置为平板接收，喷头到接收板的间距为15 cm，高压电源的电压设置为15 kV，环境温度为20 ℃，环境湿度为50%。

4）前驱体液滴在高压电场力的作用下，在喷头处形成泰勒锥，喷射细流作弯曲运动，溶剂挥发固化形成纳米$CoFe_2O_4$/PVP复合前驱体纤维。将$CoFe_2O_4$/PVP复合前驱体纤维置于50 ℃恒温干燥箱干燥5 h，随后在空气气氛中不同的温度下焙烧。

五、实验报告要求

1）写出实验的目的和意义。

2）写出静电纺丝的优点和缺点。

3）描述静电纺丝设备各部件的名称和功能。

4）描述制备出的样品的形貌和特点。

实验三十一　CaO 基红光荧光粉的制备

白光发光二极管(white light LED，WLED)凭借其光效强、响应快、节能环保等诸多优势，成为第四代照明光源。当前，LED 实现白光的主要形式是荧光粉转换型 WLED，即紫外光 LED 芯片激发红绿蓝三基色荧光粉或蓝光 LED 芯片激发黄色荧光粉。但现有技术所得到的白光 LED 普遍存在显色指数低、色温高等问题，极大地限制了其应用，而红色荧光粉在提高白光 LED 显色指数、改善色温等方面发挥着显著作用。虽然近年来红色荧光粉被广为研究，但发光优异、性质稳定的红色荧光粉依然较为匮乏。因此，开发新型高效的适用于紫外光或蓝光 LED 芯片激发的红色荧光粉对于白光 LED 的发展至关重要。

一、实验目的

1) 了解白光 LED 的发光机理。
2) 了解荧光粉的最新进展。
3) 制备 CaO 基红光荧光粉。
4) 对样品进行分析和表征。

二、实验原理

按荧光粉的发光颜色分为：红、绿、蓝、黄。

按荧光粉的基质材料分为：硅酸盐系、铝酸盐系、磷酸盐系、硼酸盐系、钛酸盐系、钨/钼酸盐系、氮氧化物系、氮化物系、硫氧化物系、硫化物系、氧化物系、氟化物系等。

目前，红色荧光粉主要使用的是氮化物系或氟化物系，绿色荧光粉主要是硅酸盐系或氮氧化物系，蓝色荧光粉主要是硅酸盐系，黄色荧光粉主要是铝酸盐系。

当前绿色荧光粉和蓝色荧光粉的研究已处于比较成熟的阶段，但对紫外光或者蓝光芯片激发的高效红色荧光粉的报道较少，这将会限制住白光 LED 照明的普及和发展。LED 用红色荧光粉通常以 Eu^{3+}、Eu^{2+}、Mn^{4+} 为激活剂。

在所有的稀土离子中，铕是制备红色荧光粉最常用的稀土掺杂元素，通常有 2 种价态，分别是 +2 价和 +3 价。Eu^{2+} 极不稳定，易被氧化成 Eu^{3+}。

Eu^{3+} 离子以 f-f 跃迁为主，光谱特点为：线状谱、色纯度高、荧光寿命长，Eu^{3+} 掺杂的荧光粉的发光颜色与 Eu^{3+} 离子所处基质关系不大，一般为红橙光。Eu^{3+} 离子的能级如图 31-1(a)所示。Eu^{2+} 离子以 d-f 跃迁为主，光谱特点为带状谱、发射强度高、荧光寿命短，Eu^{2+} 掺杂的荧光粉的发光颜色受 Eu^{2+} 离子所处的基质晶格环境影响较大，能发射出从紫外到红外的不同波段的光。Eu^{2+} 离子的能级如图 31-1(b)所示。

近年来，适用于紫外芯片激发的红色荧光粉的研究取得了较大进展，但发光优异、性质稳定的红色荧光粉依然比较匮乏。在 Eu^{3+} 激活的荧光粉中，$Y_2O_2S:Eu^{3+}$ 是当前近紫外光芯片激发比较常用的红色荧光粉，虽然其发光效率较高，但硫氧化物这类基质材料的热稳定性一贯不太理想，受热就容易发生分解。氮化物系红色荧光粉中的发光区域都处在波长大于 650 nm 的红外区域，肉眼对此区域的发光并不灵敏，导致光效不易提高。氟化物系荧光粉的红色发光虽然优异，但是产生的 HF 会危害人体健康。因此，加快开发能够被紫外芯片激发的高效稳定的红色荧光粉势在必行。

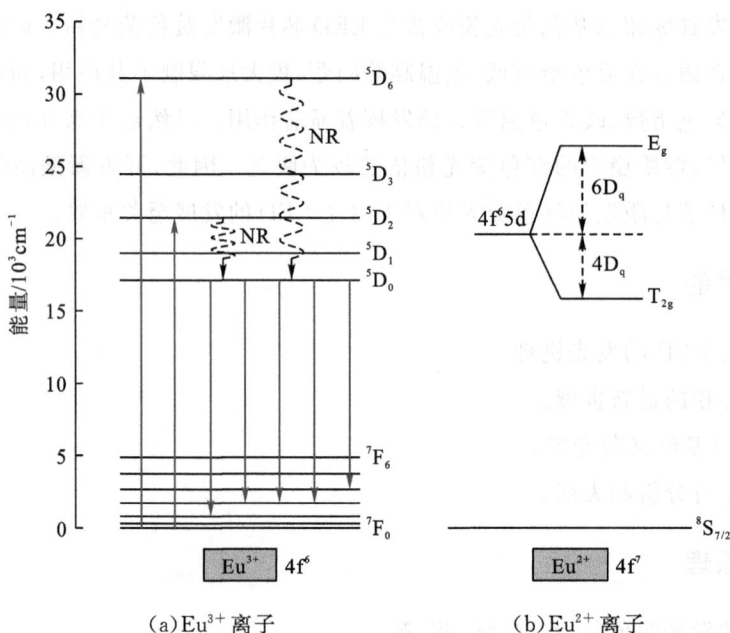

(a) Eu^{3+} 离子　　　　　　(b) Eu^{2+} 离子

图 31-1　能级示意图

CaO 是一种碱土金属氧化物，具有吸湿性，在潮湿空气中的化学性质相对不稳定，容易吸收二氧化碳和水分，反应生成 $CaCO_3$ 或 $Ca(OH)_2$，但在真空干燥的环境下仍具有良好的化学稳定性，因此，这并不妨碍 CaO 成为发光基质材料的新型候选者。在实验过程中可以通过表面涂覆一层 CaF_2 等保护层来改善 CaO 的吸湿性，或者将其应用在真空无水环境中。CaO 具有典型的面心立方结构，空间群为 Fm-3m，晶格常数为 4.805 Å，带隙宽为 7.03 eV，具有 11.8 的高介电常数，在 CaO_6 八面体中只有一种类型的 Ca^{2+} 离子。

当前，LED 实现白光的主要形式是荧光粉转换型 WLED(pc-WLED)，即紫外光 LED 芯片激发红绿蓝三基色荧光粉或蓝光 LED 芯片激发黄色荧光粉。但现有技术所得到的白光 LED 往往显色指数低、色温高，而红色荧光粉的引入可以有效改善此类问题。因此，人们对性能优异的红色荧光粉展开了广泛的研究。据报道，Eu^{3+}、Eu^{2+} 掺杂的硫化物、氮化物和 Mn^{4+} 掺杂的氟化物红色荧光粉可以实现 pc-WLED 的高显色指数。但硫化物的稳定性差、氮化物的制备条件苛刻及 HF 的毒性限制了它们的应用，发光优异、性质稳定的红色荧光粉依然较为匮乏。相比之下，氧化物基荧光粉成本低廉、制备工艺简单、环境友好，目前已广泛应用于玻璃、陶瓷、薄膜等诸多领域，具有广阔的发展前景。其中，CaO 基荧光粉更是凭借着优异的发光性质、低廉的生产成本受到了越来越多的关注,许多研究已经证明了 CaO 是掺杂稀土离子的良好基质,可用于设计具有优异发光性质的新型荧光粉。

不同的合成方法与荧光粉的微观结构和发光性质密切相关。目前已知的合成方法有高温固相法、微波法、溶胶-凝胶法、共沉淀法、水热、燃烧法等。本实验采用分步法实现 Eu^{3+} 掺杂的 CaO 基红色荧光粉的制备。

三、实验材料与设备

1)实验设备:精密分析天平、烧杯、磁力搅拌器、马弗炉。

2)实验材料:硝酸、氧化铕、氧化钙、碳酸钙、纯水等。

四、实验内容

1. Eu(NO₃)₃ 溶液的制备

称量 $0.05\ mol(17.5963\ g)$ 的 Eu_2O_3 粉末于烧杯中,倒入适量去离子水,将烧杯置于加热磁力搅拌器上进行加热。逐滴加入浓硝酸溶解,直至溶液接近澄清。过程中持续加热蒸出多余的硝酸,直至溶液的 pH 为 3~4。冷却、定容,最终配置的 $Eu(NO_3)_3$ 溶液的浓度为 $1\ mol/L$。

2. CaCO₃:0.020Eu³⁺ 的制备

称取 $2.8\ g$ 的 CaO 溶于 $40\ mL$ 沸水中,形成 $Ca(OH)_2$ 浆液。静置 24 h 后,将 $10\ mL$ $0.1\ mol/L$ 的 $Eu(NO_3)_3$ 溶液加入 $Ca(OH)_2$ 浆液中搅拌 0.5 h。将浆液转移到玻璃柱中,通入 CO_2 和 N_2(流速比为 1:2)的气体混合物,直至浆液的 pH 为 7。最后,抽滤收集沉淀物,用去离子水洗涤三次,并于 80 ℃烘箱内烘干 24 h 即得最终产品。

3. CaO:0.020Eu³⁺ 的制备及测定

采用马弗炉程序升温煅烧 $CaCO_3:0.020Eu^{3+}$ 荧光粉制备 $CaO:0.020Eu^{3+}$ 荧光粉。程序升温是指从室温以 3 ℃/min 的速率升到 800 ℃,保持在 800 ℃煅烧 2 h,然后同样以 3 ℃/min 的速率再升到 1000 ℃,保持在 1000 ℃再煅烧 2 h。等样品在炉内自然冷却至室温,取出并对其进行表征。

一般的表征方法有 X 射线衍射测定晶体结构,用扫描电子显微镜对样品的形貌进行分析,利用光谱仪测定光谱数据。

五、实验报告要求

1)写出实验的目的和意义。

2)描述白光 LED 的发光机理。

3)描述红光荧光粉的优点。

4)描述制备出的样品的形貌、结构和特点。

参考文献

[1] 陈泉水. 材料科学基础实验[M]. 北京:化学工业出版社,2009.

[2] 葛利玲. 材料科学与工程基础实验教程[M]. 北京:机械工业出版社,2008..

[3] 吴晶. 金属材料实验指导[M]. 南京:江苏大学出版社,2009..

[4] 吴开明. 材料物理实验教程[M]. 北京:科学出版社,2012.

[5] 陈木青. 材料物理实验教程[M]. 武汉:华中科技大学出版社,2018.

[6] 赵玉增. 材料物理性能测定及分析实验[M]. 北京:冶金工业出版社,2022.

[7] 曹万强. 材料物理专业实验教程[M]. 北京:冶金工业出版社,2016.

[8] 潘春旭. 材料物理与化学实验教程[M]. 长沙:中南大学出版社,2008.

[9] 张霞. 材料物理实验[M]. 上海:华东理工大学出版社,2014.

[10] 马南钢. 材料物理性能综合实验[M]. 北京:机械工业出版社,2010.

[11] 王振林. 材料科学实验技术[M]. 北京:化学工业出版社,2023.

[12] 郑阿群. 大学化学实验[M]. 北京:科学出版社,2018.

[13] 汪飞. 材料科学基础[M]. 西安:西安交通大学出版社,2023.

[14] 周玉. 材料分析方法[M]. 北京:机械工业出版社,2020.

[15] 伍洪标. 无机非金属材料实验[M]. 北京:化学工业出版社,2010.

[16] 李国晶. 无机材料实验教程[M]. 北京:化学工业出版社,2010.

[17] 马小娥. 材料实验与测试技术[M]. 北京:中国电力出版社,2008.